电力电子与电机控制仿真技术项目案例教程

›› 主　编　张国琴　宫金武

›› 副主编　吴伟标　韩谷静　邹　敏　邹崇涛

›› 参　编　张　明　朱文强　肖　权

華中科技大學出版社

http://press.hust.edu.cn

中国 · 武汉

内 容 简 介

本书精选典型电力电子装置和交直流电机调速项目，在 MATLAB/Simulink 仿真平台上搭建相关项目电路和控制系统仿真模型。本书主要以案例的形式讲述交直流电机调速控制系统、三电平逆变器、交错并联 Buck 变换器以及 PWM 整流器等项目的仿真模型搭建和仿真结果分析。本书可作为本科院校电气工程及其自动化、自动化等专业的专业课程教材，也可供研究生和工程技术人员学习参考。

本书配有全部项目案例的仿真模型文件，扫下面的二维码即可获取。

仿真模型文件

图书在版编目(CIP)数据

电力电子与电机控制仿真技术项目案例教程 / 张国琴，宫金武主编. -- 武汉 ：华中科技大学出版社，2024.9. -- ISBN 978-7-5772-1272-2

Ⅰ. TM1；TM301.2

中国国家版本馆 CIP 数据核字第 2024L1J776 号

电力电子与电机控制仿真技术项目案例教程 张国琴 宫金武 主编

Dianli Dianzi yu Dianji Kongzhi Fangzhen Jishu Xiangmu Anli Jiaocheng

策划编辑：袁 冲

责任编辑：刘 静

封面设计：王 琛

责任监印：朱 玢

出版发行：华中科技大学出版社(中国・武汉) 电话：(027)81321913

武汉市东湖新技术开发区华工科技园 邮编：430223

录 排：华中科技大学惠友文印中心

印 刷：武汉市洪林印务有限公司

开 本：787mm×1092mm 1/16

印 张：10

字 数：193 千字

版 次：2024 年 9 月第 1 版第 1 次印刷

定 价：39.00 元

前言

电力电子与电机控制是电气类与自动化类专业的主要课程，电力电子装置如多电平逆变器、交错并联斩波变换器、PWM 整流器以及基于电力电子电路的交直流电机调速控制系统，原理和控制方式复杂，电力电子电路和电机的种类多，控制要求不同，使学习、研究、设计和应用都增加了难度，因此利用仿真技术，在无硬件的情况下，在计算机上可以对电力电子变换器或电机调速控制系统等进行设计并演示，这不仅对课程学习很有帮助，而且是硬件开发设计的重要手段。

本书从电气工程及其自动化专业的教学要求出发，精选电力电子装置和电机拖动控制领域的经典项目，采用项目案例的形式，遵从项目目标—理论基础—仿真模型搭建—结果分析这条主线，完整地介绍项目仿真设计过程。

本书第 1 章介绍 MATLAB/Simulink 仿真平台。第 2 章介绍电力电子电路和电机调速控制系统仿真常用模块。直流电机和交流电机在电力系统和工业生产中具有广泛的应用，直流电机的启动和调速以及交流电机的启动和调速是电机运行的重要控制环节。第 3 章讲述直流电机调速控制系统仿真项目，第 4 章讲述交流电机调速控制系统仿真项目。在船舶动力系统以及新能源并网发电系统中三电平逆变器具有广泛的应用。第 5 章讲述三电平逆变器仿真项目。第 6 章讲述交错并联 Buck 变换器仿真项目，该变换器在开关电源系统中应用广泛。第 7 章讲述 PWM 整流器仿真项目，PWM 整流相较于传统的晶闸管可控整流具有单位功率因数、电网电流谐波小的特点，正逐步取代晶闸管可控整流。

本书由武汉纺织大学张国琴和武汉大学宫金武老师主编，吴伟标、韩谷静、邹敏、邹崇涛任副主编，张明、朱文强、肖权参与了编写工作。全书共七章，其中第 1、2、3、5 章由张国琴老师编写，第 4 章由宫金武老师编写，第 6、7 章由武汉纺织大学吴伟标老师编写，武汉纺织大学韩谷静老师、邹敏老师和邹崇涛老师提供了部分仿真模型文件，武汉纺织大学张明老师、朱文强老师和武汉理工大学肖权同学负责了部分校对工作。全书由张国琴老师统稿。

本书在编写过程中得到华中科技大学出版社和武汉纺织大学教务处的大力支持，在此表示衷心的感谢。

由于编者水平有限,殷切期望广大同行和读者对本书的疏漏和不妥之处给予批评指正。

编　者

2024 年 7 月

目录

第1章 MATLAB/Simulink仿真平台

1.1 环境介绍

MATLAB是矩阵实验室(matrix laboratory)的简称,是一种用于算法开发、数据可视化、数据分析及数值计算的高级技术计算语言和交互环境。MATLAB的应用范围非常广,包括信号和图像处理、通信、控制系统设计、测试和测量、财务建模和分析、计算生物学,以及电力系统等众多应用领域,附加的工具箱(单独提供的专用MATLAB函数集)扩展了MATLAB的使用环境,以解决这些应用领域内特定类型的问题。

Simulink是一个用于对动态系统进行多域建模和模型设计的平台。它提供了一个交互式图形化环境即仿真平台,以及一个自定义模块库,是一个高级计算和仿真平台。对于电力系统及电力电子的仿真,Simulink提供了很多现成的模块供使用。本书以MATLAB 2019来介绍MATLAB和Simulink的具体操作方法。

首先,我们需要掌握启动Simulink的方法。启动Simulink有三种方法:①在MATLAB的命令行窗口直接输入Simulink命令;②单击MATLAB主页选项中的 按钮;③单击MATLAB主页选项中的 → Simulink Model 按钮。通过这三种方法,都会打开Simulink起始页窗口,如图1-1所示。

在进入图1-1所示的Simulink起始页窗口之后,可采用下列两种方法中的一种进入模型文件创建窗口:①单击Simulink→Blank Model,出现如图1-2所示的Simulink模型窗口;②单击Simscape → Specialized Power Systems,进入搭建电力系统模型的窗口,如图1-3所示。

在图1-2和图1-3这两个窗口中,都可以进行电力电子或电力系统模型的搭建。在利用第一种方法进入模型文件创建窗口时,一定要自行加入Powergui模块,否则运行会出错;而在图1-3所示的环境中进行电力电子或电力系统的模型搭建时,就不需要自行加入

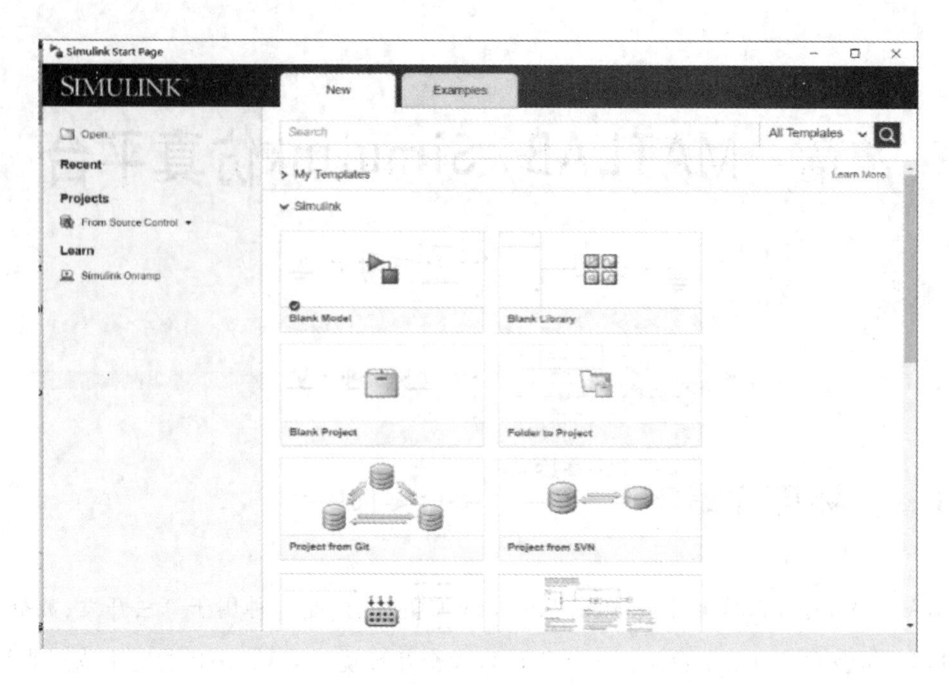

图 1-1 Simulink **起始页窗口**

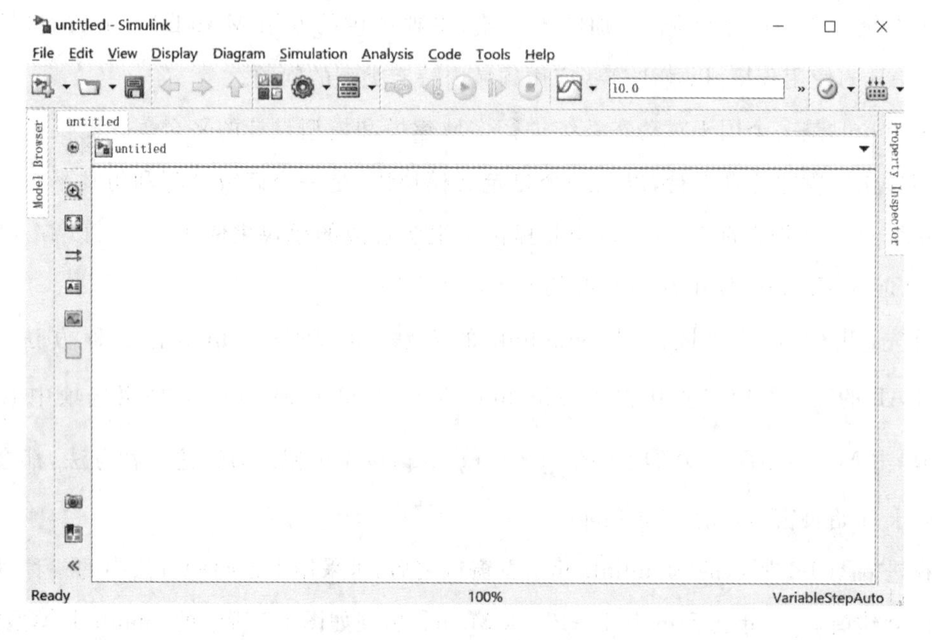

图 1-2 Simulink **模型窗口**

Powergui 模块。

在模型窗口打开后，可以进行窗口的一些环境属性设置。和 Windows 窗口类似，在 Simulink 模型窗口的 View 菜单下选择或取消选择 Toolbar 和 Status Bar 命令，就可以显示或隐藏工具条和状态条。在进行仿真的过程中，模型窗口的状态条会显示仿真状态、仿

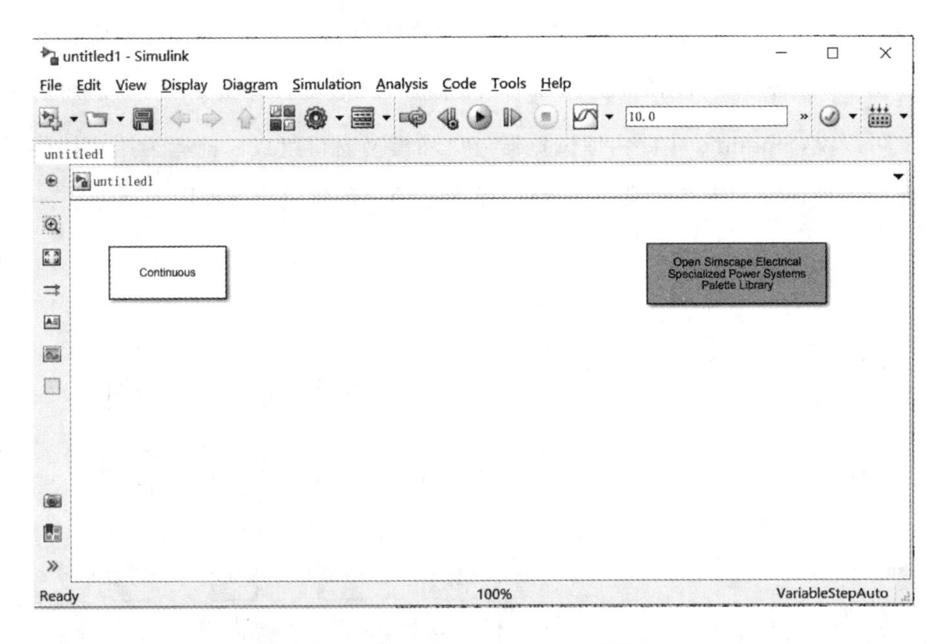

图 1-3　电力系统专用 Simulink 模型窗口

真进度和仿真时间等相关信息。

MATLAB 环境属性设置对话框可以让用户集中设置 MATLAB 及其工具软件包的使用环境，包括 Simulink 的环境属性设置。要在 Simulink 环境中打开该对话框，可以在 Simulink 模型窗口中选择 File→Simulink Preferences 菜单命令，从而打开该对话框，如图 1-4所示。

Simulink Preferences
Simulink Preferences
General
Editor
Model File
General Preferences
Folders for Generated Files
Simulation cache folder: Browse...
Code generation folder: Browse...
Code generation folder structure: Model specific
Background Color
Print: White
Export: Match Canvas Color
Clipboard: Match Canvas Color
Show callback tracing
Open the timing legend when the sample time display is changed
Revert Help Apply

图 1-4　Simulink 环境属性设置对话框

要在模型窗口中建立模型文件，还需要打开库浏览器，然后从库浏览器中找到相应的模块。在图 1-2 或图 1-3 所示的模型窗口中单击 图标，就会弹出如图 1-5 所示的库浏览器窗口。可以说，Simulink 主要由库浏览器窗口和模型窗口组成。前者为用户提供了展示 Simulink 标准模块库和专业工具箱的界面，后者是用户创建模型方框图的地方。

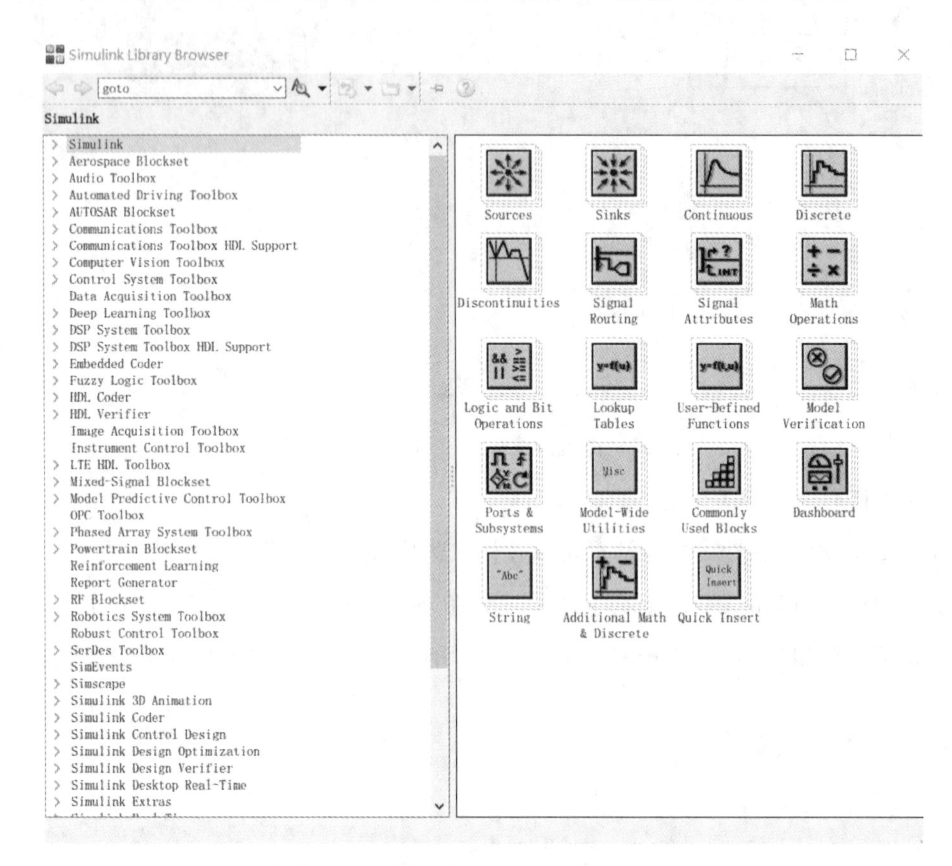

图 1-5　库浏览器窗口

Simulink 库浏览器将各种模块库按树状结构进行罗列，如图 1-5 所示，以便用户快速地查询所需要的模块。同时，它还提供了按名称查找的功能。库浏览器提供的模块库有很多，单击库浏览器中 Simulink 前面的“+”号，将看到 Simulink 模块库中包含的子模块库，单击所需要的子模块库名称，在右边的窗格中将看到相应的基本模块，选择所需基本模块，用鼠标将其拖到模型编辑窗口。

在 Simulink 提供的图形用户界面(GUI)即仿真平台上，只要进行鼠标的简单拖拉操作，就可以构造出复杂的仿真模型。仿真模型以方框图的形式呈现，且采用分层结构。Simulink 的每一个模块对于用户来说都相当于一个“黑匣子”，用户只需要知道模块的输入和输出及模块功能即可，而不必管模块内部是怎么实现的。因此，用户使用 Simulink 进行系统建模的任务就是选择合适的模块并把它们按照模型结构连接起来，然后进行调试和仿

真。如果仿真结果不满足要求，则可以改变模块的相关参数再运行仿真，直到结果满足要求为止。至于在仿真时各个模块是如何执行的、各个模块间是如何通信的、仿真时是如何采样的及事件是如何驱动的等细节问题，用户都不用去管，因为这些事件 Simulink 都解决了。

1.2　仿真模型中基本要素的操作

仿真模型由模块、连接线以及注释等组成。下面具体说明构成仿真模型的基本元素的操作。

1.2.1　模块

模块是建立 Simulink 模型的基本单元。利用 Simulink 进行系统建模就是用适当的方式把各种模块连接在一起。表 1-1 列出了对模块的基本操作。

表 1-1　对模块进行操作

任务	在 Simulink 环境下的操作
选择一个模块	单击要选择的模块。当用户选择了一个新的模块后，之前选择的模块被放弃
选择多个模块	按住鼠标左键不放，拖动鼠标，将要选择的模块包括在用鼠标画出的方框里；或者按住 Shift 键，然后逐个选择模块
不同窗口间复制模块	直接将模块从一个窗口拖到另一个窗口
同一模型窗口内复制模块	先选中模块，然后按下 Ctrl＋C 组合键，再按下 Ctrl＋V 组合键。还可以在选中模块后，通过快捷菜单来实现
移动模块	按下鼠标左键，直接拖动模块
删除模块	先选中模块，再按下 Delete 键
连接模块	先选中源模块，然后按住 Ctrl 键并单击目标模块
断开模块间的连接	先按下 Shift 键，然后用鼠标左键拖动模块到另一个位置；或者也可以将鼠标指向连线的端点或箭头处，当出现一个小圆圈时按下鼠标左键并移动连线
改变模块的大小	先选中模块，然后将鼠标移到模块方框的一角，当鼠标图标变成两端有箭头的线段时，按下鼠标左键并拖动模块，以改变模块的大小
调整模块的方向	先选中模块，单击鼠标右键，然后通过 Rotate&Flip 命令来改变模块的方向
给模块加阴影	先选中模块，然后通过 Format→Show Drop Shadow 命令来给模块加阴影
修改模块名	双击模块名，然后修改

续表

任务	在 Simulink 环境下的操作
模块名的显示与否	先选中模块，然后通过 Format→Show Block Name→Auto/On/Off 命令来决定是否显示模块名
改变模块名的显示位置	先选中模块，然后通过 Format→Flip Name 命令来改变模块名的显示位置
在连线之间插入模块	用鼠标拖动模块到连线上，使得模块的输入/输出端口对准连线

Simulink 中几乎所有模块的参数都允许用户进行设置，只要双击要设置的模块或在模块上单击鼠标右键，并在弹出的快捷菜单中选择相应的模块参数设置命令，就会弹出模块参数对话框。该对话框分为两个部分，上面一部分是模块功能说明，下面一部分用来进行模块参数设置。

例如，图 1-6(a)所示是直流电源模块，双击该模块，出现如图 1-6(b)所示的模块参数对话框。用户可以在该对话框设置直流电源的电压幅值和可测量的量。

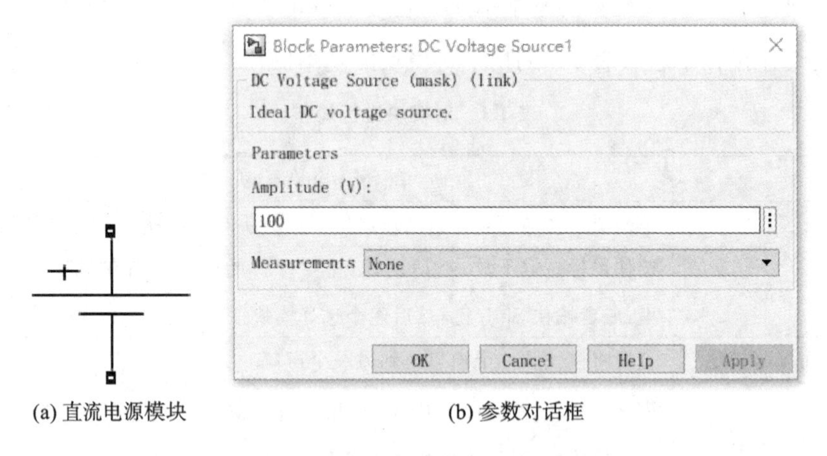

(a) 直流电源模块　　(b) 参数对话框

图 1-6　直流电源模块及其参数对话框

1.2.2　连接线和信号标注以及模型注释

连接线也就是模块与模块之间的连线。电力电子与电机控制系统模型中包括主电路和控制电路。其中：主电路中的连接线称为电气线路，没有箭头；控制电路中的连接线称为信号线，有箭头。表 1-2 列出了对信号线的一些操作。

表 1-2　对信号线进行操作

任务	在 Simulink 环境下的操作
选择一条信号线	鼠标移动到要选择的信号线上，然后按下鼠标左键

续表

任务	在 Simulink 环境下的操作
信号线的分支	按下 Ctrl 键，然后拖动信号线
移动信号线顶点	将鼠标指向信号线的箭头处，当出现一个小圆圈时按下鼠标左键移动信号线
信号线由直线调整为斜线段	按下 Shift 键，将鼠标指向需要调整的信号线上的一点，并按下鼠标左键直接拖动信号线
信号线由直线调整为折线段	按住鼠标左键不放，直接拖动信号线

对信号进行标注及在模型图表上添加描述模型功能的注释文字，是一个好的建模习惯。信号标注和模型注释实例如图 1-7 所示。对信号标注和模型注释的具体操作分别如表 1-3、表 1-4 所示。

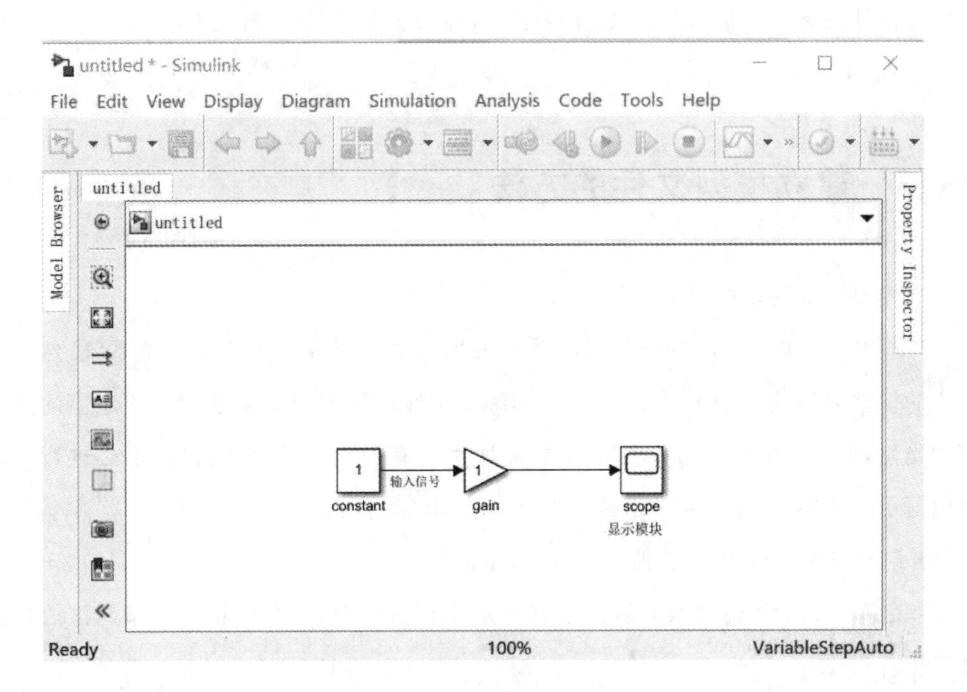

图 1-7 信号标注和模型注释实例

表 1-3 对信号标注进行处理

任务	在 Simulink 环境下的操作
建立信号标注	在直线上直接双击，然后输入
复制信号标注	按下 Ctrl 键，然后按住鼠标左键，选中信号标注并拖动
移动信号标注	按住鼠标左键，选中信号标注并拖动
编辑信号标注	在信号标注框内双击，然后编辑

续表

任务	在 Simulink 环境下的操作
删除信号标签	单击鼠标左键选中信号标注，再按 Delete 键

表 1-4　对模型注释进行处理

任务	在 Simulink 环境下的操作
建立模型注释	在模型文件的空白处双击，用鼠标左键单击 Create annotation，然后输入文字
复制模型注释	按下 Ctrl 键，然后选中注释文字并拖动
移动模型注释	选中注释并拖动
编辑模型注释	单击注释文字，然后编辑
删除模型注释	用鼠标左键选中注释文字，再按 Delete 键

信号标注只能位于信号线的上方或下方，而模型注释可以出现在模型文件的任何空白处。

1.3　建立模型文件的方法

建立模型文件的基本步骤如下。

(1) 画出系统草图。将所要仿真的系统根据功能划分成一个个小的子系统，然后用一个个小的模块来搭建每个子系统。这一步骤也体现了用 Simulink 进行系统建模的层次性特点。当然，所选用的模块最好是 Simulink 库里现有的模块，这样用户就不必进行烦琐的代码编写了。当然，这要求用户必须熟悉 Simulink 库的内容。

(2) 启动 Simulink 库浏览器，新建一个空白模型。

(3) 在库中找到所需模块并将其拖到空白模型窗口中，按系统草图的布局摆放好各模块并连接各模块。

(4) 如果系统较复杂、模块太多，则可以将实现同一功能的模块封装成一个子系统，这样可使系统的模型看起来更简洁。

(5) 设置各模块的参数及与仿真有关的各种参数。

(6) 保存模型。模型文件的扩展名为. slx。

(7) 运行仿真，观察结果。如果仿真出错，则按弹出的错误提示框来查看出错的原因，然后进行修改；如果仿真结果与预想的结果不符，则首先检查模块的连接是否有误、选择的模块是否合适，然后检查模块参数和与仿真有关的各种参数的设置是否合理。

(8) 调试模型。如果在上一步中没有检查出任何错误,那么就有必要进行调试,以查看系统在每一个仿真步骤的运行情况,直至找到出现仿真结果与预想的结果或实际情况不符的地方,修改后再进行仿真,直至结果符合要求。当然,最后还要保存模型。

例 1-1 模拟一次线性方程 $y=\frac{9}{4}x+30$,其中输入信号 x 是幅值为 10 的正弦波。

(1) 建模所需模块的确定。

在建模之前,首先要确定建立上述模型需要的模块及所在模块库。本例建模所需模块及所在模块库如表 1-5 所示。

表 1-5 所需模块及所在模块库

模块	功能	所在模块库
Gain	用于定义常数增益	Simulink→Math Operations
Constant	用于定义一个常数	Simulink→Sources
Sum	用于将两项相加	Simulink→Math Operations
Sine Wave	作为输入信号	Simulink→Sources
Scope	显示系统的输出	Simulink→Sinks

(2) 模块的复制及连接。

把表 1-5 中的模块从模块库中拖动到用户的模型窗口,并把各个模块连接起来,构成系统框图,如图 1-8 所示。

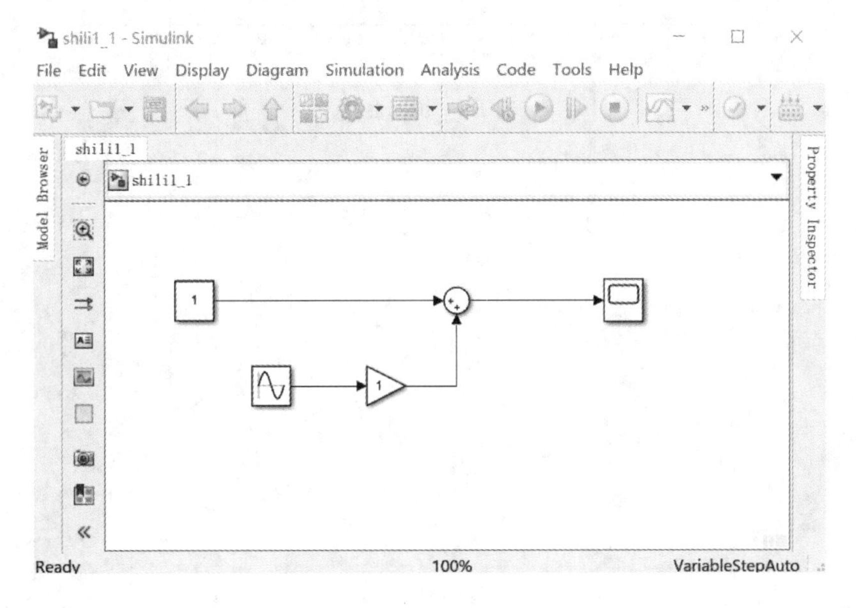

图 1-8 系统框图

分别打开 Gain 模块和 Constant 模块(双击模块图标),分别将它们设置为“9/4”和

“30”，然后单击 OK 按钮。打开 Sine Wave 模块，把它的幅值设为“10”，以使其得到较大的变化。

(3) 开始仿真。

在模型窗口中选择 Simulation→Configuration Parameters 命令，定义“Stop time”为 10 s、“Max step size”为 0.1 s，然后选择 Simulation→Run 命令，开始仿真，仿真曲线如图 1-9 所示。

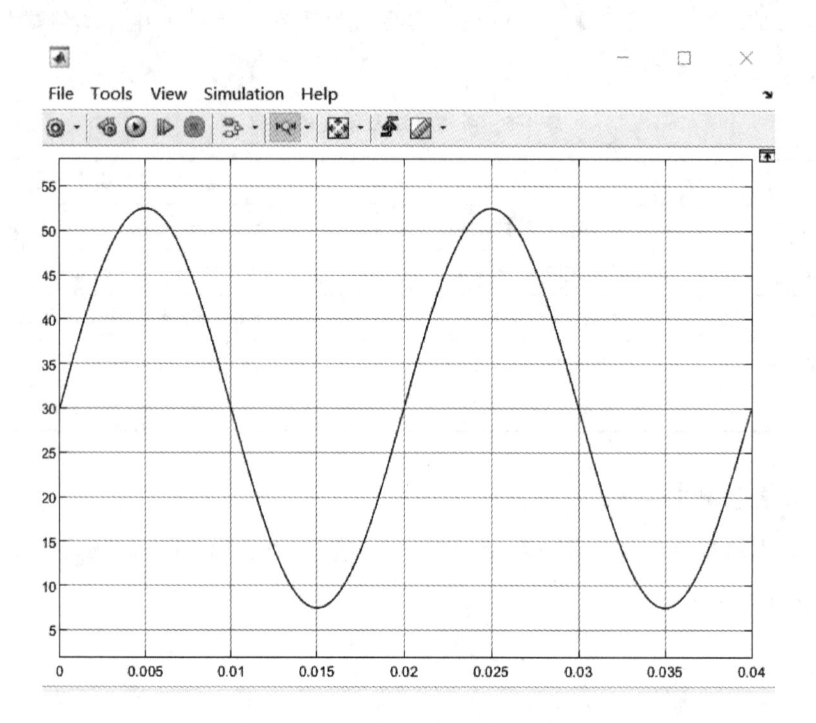

图 1-9 仿真曲线

第2章 常用模块库

电力电子与电机控制的每个项目案例包括电力电子与电机主电路和相应的控制电路两部分。主电路主要由 Specialized Power Systems 库中的模块构成，控制电路主要由 Specialized Power Systems 库和 Simulink 库中的模块构成。下面主要介绍 Specialized Power Systems 库和 Simulink 库。

2.1 Specialized Power Systems 库

Specialized Power Systems 库的路径如图 2-1 所示。Specialized Power Systems 库是专门应用于电力电子电路、电机传动控制和电力系统仿真的模块库。该模块库中包含基础模块库(Fundamental Blocks)、控制和测量模块库(Control & Measurements)、电力驱动模块库(Electric Drives)、柔性交流输电系统模块库(FACTS)和新能源模块库(Renewables)。本教材中的项目主要用到基础模块库、控制和测量模块库。下面分别介绍这两个子模块库。

2.1.1 基础模块库

基础模块库如图 2-2 所示。它包括 6 个子模块库，分别是电源模块库(Electrical Sources)、元器件模块库(Elements)、电力电子模块库(Power Electronics)、电机模块库(Machines)、测量模块库(Measurements)、接口模块库(Interface Elements)。

1. 电源模块库

电源模块库如图 2-3 所示。它一共包括 7 种电源模块，每个电源模块的功能说明如表 2-1 所示。

```
∨ Simscape
    > Foundation Library
      Utilities
    > Driveline
    ∨ Electrical
        Connectors & References
      > Control
      > Electromechanical
      > Integrated Circuits
      > Passive
      > Semiconductors & Converters
        Sensors & Transducers
        Sources
        Switches & Breakers
        Utilities
      > Additional Components
      ∨ Specialized Power Systems
          > Fundamental Blocks
          > Control & Measurements
          > Electric Drives
          > FACTS
          > Renewables
```

图 2-1 Specialized Power Systems 库的路径

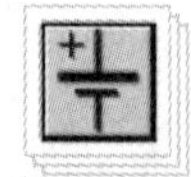

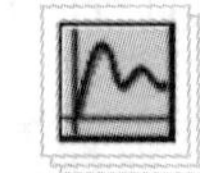

图 2-2 基础模块库

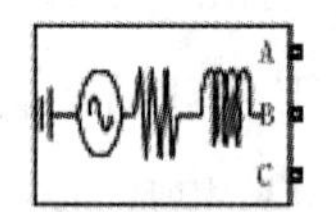

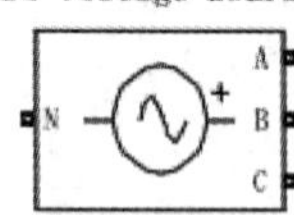

图 2-3 电源模块库

表 2-1 电源模块库中的模块及其功能

模块英文名称	模块中文名称	模块功能
DC Voltage Source	直流电压源	提供电压值可设置的理想直流电压源
Three-Phase Source	三相电源	提供电压、频率以及相位和内阻抗可设置的三相交流电源
AC Voltage Source	交流电压源	提供幅值、频率、相位可设置的理想交流电压源
AC Current Source	交流电流源	提供幅值、频率、相位可设置的理想交流电流源

续表

模块英文名称	模块中文名称	模块功能
Three-Phase Programmable Voltage Source	三相可编程电压源	提供三相零阻抗电压源。基波的振幅、相位和频率随时间的变化可以预先编程，并且还可以选择在基波上叠加两个谐波
Controlled Voltage Source	可控电压源	输出电压受输入信号控制
Controlled Current Source	可控电流源	输出电流受输入信号控制

2. 元器件模块库

元器件模块库如图 2-4 所示。该模块库包括的模块比较多，可以分为负载阻抗和变压器两个类别。其中，负载阻抗类元器件模块及其功能如表 2-2 所示，变压器类元器件模块及其功能如表 2-3 所示。

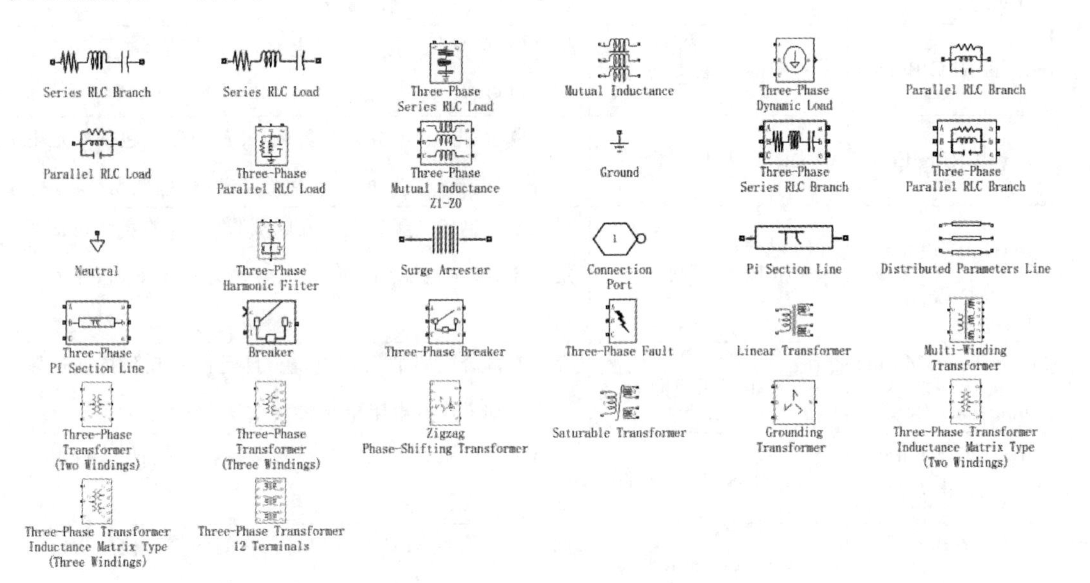

图 2-4　元器件模块库

表 2-2　负载阻抗类元器件模块及其功能

模块英文名称	模块中文名称	模块功能
Series RLC Branch	RLC 串联支路	提供电感、电阻、电容串联电路，且电感值、电阻值和电容值可设置
Series RLC Load	RLC 串联负载	提供电感、电阻、电容串联负载，设置的参数包括额定电压、额定电流、有功功率、容性无功功率、感性无功功率

续表

模块英文名称	模块中文名称	模块功能
Three-Phase Series RLC Branch	三相 RLC 串联支路	提供三相电阻、电感、电容串联支路，且电感值、电阻值、电容值可设置
Three-Phase Series RLC Load	三相 RLC 串联负载	提供三相电感、电阻、电容串联负载，设置的参数包括额定电压、额定电流、有功功率、容性无功功率、感性无功功率
Mutual Inductance	互感线圈	提供两绕组或三绕组的互感线圈
Surge Arrester	避雷器	提供高度非线性电阻，用于保护电力设备免受过电压的影响
Three-Phase Dynamic Load	三相动态负载	提供三相三线制动态负载，其有功功率 P 和无功功率 Q 随正序电压的变化而变化
Parallel RLC Branch	RLC 并联支路	提供电感、电阻、电容并联电路，且电感值、电阻值和电容值可设置
Parallel RLC Load	RLC 并联负载	提供电感、电阻、电容并联负载，设置的参数包括额定电压、额定电流、有功功率、容性无功功率、感性无功功率
Three-Phase Parallel RLC Load	三相 RLC 并联负载	提供三相电感、电阻、电容并联负载，设置的参数包括额定电压、额定电流、有功功率、容性无功功率、感性无功功率
Three-Phase Mutual Inductance Z1-Z0	三相互感线圈	提供有耦合电感的三相阻抗。自阻抗和互阻抗通过输入正序和零序的电阻电感参数来设置
Three-Phase Parallel RLC Branch	三相并联 RLC 支路	提供三相电阻、电感、电容并联支路，且电感值、电阻值、电容值可设置
Three-Phase Harmonic Filter	三相谐波滤波器	滤波器由无源 RLC 元件构成。它们的值是使用指定的标称无功功率、调谐频率和品质因数计算而来的
Connection Port	连接端口	提供子系统或分支模块的连接端口
Neutral	公共连接点	提供电路的公共连接点，有数字编号
Ground	接地端	提供电路的接地端
Pi Section Line	π 型参数传输线	传输线是级联的 π 型结构
Distributed Parameters Line	分布参数传输线	提供 N 相分布参数线路模型
Three-Phase PI Section Line	三相 π 型参数传输线	提供三相 π 型参数传输线，与单相参数设置类似
Breaker	断路器	模拟电流通路断开。可以使用外部逻辑信号来控制断路器动作

续表

模块英文名称	模块中文名称	模块功能
Three-Phase Breaker	三相断路器	模拟三相电流通路断开。可以使用外部逻辑信号来控制断路器动作
Three-Phase Fault	三相短路	在任意相和地之间实现故障(短路)。当选择外部开关时间模式时,采用 Simulink 逻辑信号控制故障运行

表 2-3　变压器类元器件模块及其功能

模块英文名称	模块中文名称	模块功能
Linear Transformer	线性变压器	提供单相变压器,二次侧有一个或两个绕组
Multi-Winding Transformer	多绕组变压器	提供具有多个绕组的变压器,可以为左侧和右侧指定绕组数,以及设置每个绕组的参数
Three-Phase Transformer (Two Windings)	双绕组三相变压器	该模块采用三个单相变压器实现三相变压器,二次侧有一个绕组
Three-Phase Transformer (Three Windings)	三绕组三相变压器	该模块采用三个单相变压器实现三相变压器,二次侧有两个绕组
Zigzag Phase-Shifting Transformer	"之"字形移相变压器	该模块采用三个三绕组单相变压器实现三相移相变压器,主绕组由以"之"字形连接的绕组 1 和绕组 2 组成
Saturable Transformer	饱和变压器	提供考虑饱和效应的单相变压器
Grounding Transformer	接地变压器	提供在三相三线制系统中提供中性点的变压器
Three-Phase Transformer Inductance Matrix Type (Two Windings)	双绕组互感型矩阵变压器	该变压器用于在三相三线制系统中提供一个中性点。变压器由三个双绕组变压器组成,并以锯齿形连接
Three-Phase Transformer Inductance Matrix Type (Three Windings)	三绕组互感型矩阵变压器	提供三相变压器,每一相有三个绕组,绕组间有耦合电感
Three-Phase Transformer (12 Terminals)	十二终端三相变压器	提供三个独立的两绕组单相变压器,共有 12 个端口

3. 电力电子模块库

电力电子模块库如图 2-5 所示,包括 20 个电力电子模块、1 个脉冲和信号发生器模块子库。电力电子模块分为独立的电力电子元器件和由电力电子元器件构成的电力电子变换电路两类。其中,电力电子元器件模块及其功能如表 2-4 所示,常用的电力电子变换电路模块及其功能如表 2-5 所示。

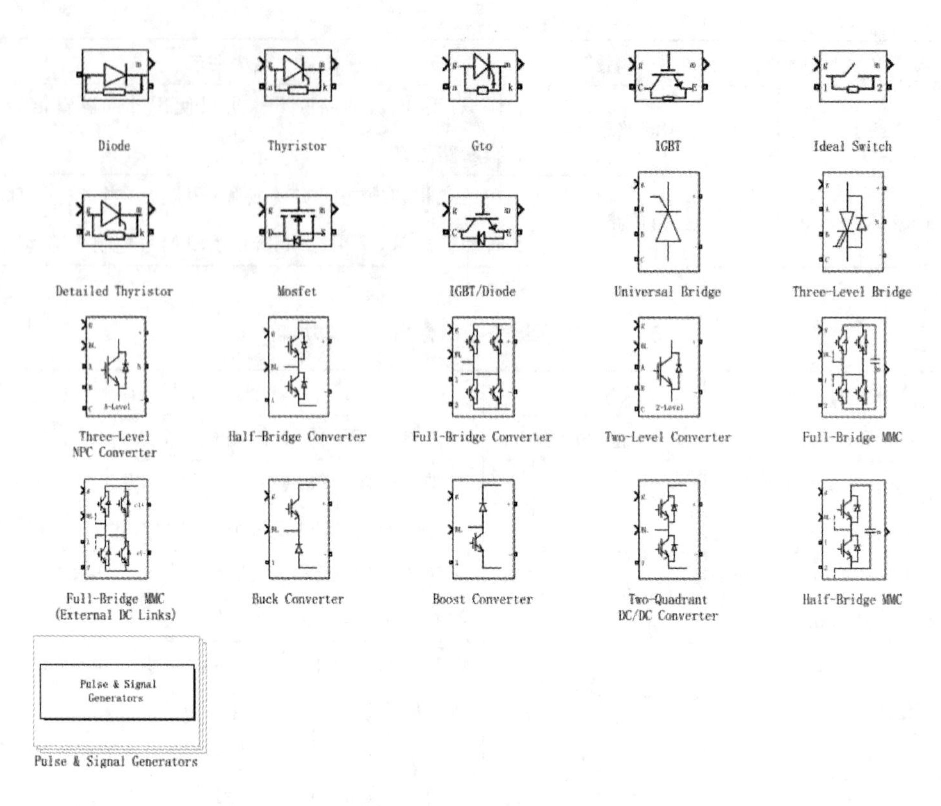

图 2-5　电力电子模块库

表 2-4　电力电子元器件模块及其功能

模块英文名称	模块中文名称	模块功能
Diode	二极管	提供普通的二极管(常用于整流电路中)
Gto	门极可关断晶闸管	提供通过门极的控制信号实现开通和关断的晶闸管
Ideal Switch	通断可控理想开关	提供通断可控制的开关
Mosfet	电力场效应晶体管	为电力场效应晶体管的通用模型,常用于斩波或逆变电路中,工作于开关状态
Thyristor	普通晶闸管	提供只能通过门极控制开通,不能通过门极控制关断的晶闸管
IGBT	绝缘栅双极型晶体管	简称 IGBT,常用于斩波或逆变电路中,工作于开关状态
Detailed Thyristor	详细晶闸管	该晶闸管的参数描述更详细
IGBT/Diode	绝缘栅双极型晶体管/二极管	提供带续流二极管的 IGBT 模型

表 2-5　常用的电力电子变换电路模块及其功能

模块英文名称	模块中文名称	模块功能
Universal Bridge	通用桥	可以由六种开关管组成桥式电路。开关管的类型和构成桥臂的数量可设置
Half-Bridge Converter	半桥变换器	提供半桥逆变电路的结构
Full-Bridge Converter	全桥变换器	提供全桥逆变电路的结构
Buck Converter	降压变换器	提供降压电路的结构
Boost Converter	升压变换器	提供升压电路的结构
Full-Bridge MMC	全桥模块化转换器	具有多个全桥逆变结构
Three-Level Bridge	三电平桥	三电平桥的每个桥臂由四个开关器件及与其反并联的二极管组成。逆变器桥臂的数量可以设置为1、2 或 3
Three-Level NPC Converter	三电平逆变器	逆变器有三个桥臂，每个桥臂也由四个开关器件及与其反并联的二极管组成

脉冲和信号发生器模块子库如图 2-6 所示。它共包括 14 种脉冲和信号发生器模块，其中有 2 个模块用于产生触发晶闸管或由晶闸管组成的桥式电路的脉冲信号，有 6 个模块用于在脉冲宽度调制（PWM）时产生全控型器件或由全控型器件组成的桥式电路的触发信号。14 种脉冲和信号发生器模块的具体功能如表 2-6 所示。

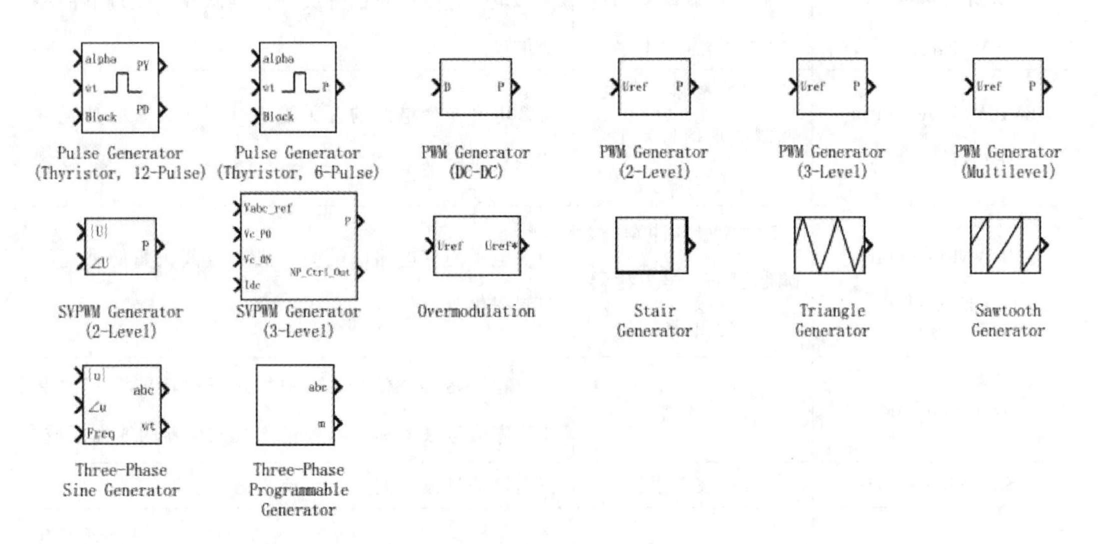

图 2-6　脉冲和信号发生器模块子库

表 2-6　脉冲和信号发生器模块及其功能

模块英文名称	模块中文名称	模块功能
Pulse Generator (Thyristor,6-Pulse)	脉冲发生器（晶闸管,6 脉冲）	一般用于三相全控桥式整流电路,产生 6 路依次滞后 60°的晶闸管触发脉冲信号
Pulse Generator (Thyristor,12-Pulse)	脉冲发生器（晶闸管,12 脉冲）	一般用于由双三相全控桥组成的 12 相晶闸管整流电路,产生 12 路晶闸管触发脉冲信号
PWM Generator (DC-DC)	脉冲宽度调制驱动信号发生器(直流-直流)	为直流变换器中的开关管(如 MOSFET、GTO 或 IGBT 开关管)提供一个驱动脉冲信号。开关频率在属性对话框中设置,默认值是 5000 Hz;对于占空比,从 D 端输入一个介于 0 和 1 之间的值
PWM Generator (2-Level)	脉冲宽度调制驱动信号发生器(2-电平)	为 2 电平逆变电路的开关管提供脉冲宽度调制的驱动信号。例如,可以为单相半桥逆变电路提供 2 路驱动信号、为单相全桥逆变电路提供 4 路驱动信号、为三相全桥逆变电路提供 6 路驱动信号。这些驱动信号是由三角载波和调制波进行比较得出的。三角载波信号的频率和相位在属性对话框中设置;调制波可以在属性对话框中设置参数,也可以由外界输入
PWM Generator (3-Level)	脉冲宽度调制驱动信号发生器(3-电平)	为 3 电平逆变电路的开关管提供脉冲宽度调制的驱动信号
PWM Generator (Multilevel)	脉冲宽度调制驱动信号发生器(多电平)	为多电平逆变电路的开关管提供脉冲宽度调制的驱动信号
SVPWM Generator (2-Level)	空间矢量脉冲宽度调制驱动信号发生器(2-电平)	为 2 电平逆变电路的开关管进行空间矢量脉冲宽度调制提供驱动信号
SVPWM Generator (3-Level)	空间矢量脉冲宽度调制驱动信号发生器(3-电平)	为 3 电平逆变电路的开关管进行空间矢量脉冲宽度调制提供驱动信号
Overmodulation	过调制	在三相原始参考信号 U_{ref} 中加入三次谐波或三次谐波零序信号来增加三相 PWM 波发生器的线性区域
Stair Generator	阶梯波发生器	在指定的过渡时间产生阶梯变化的信号
Triangle Generator	三角波发生器	产生一个对称的三角形波,峰值振幅为±1。频率和相位可在属性对话框中设置

续表

模块英文名称	模块中文名称	模块功能
Sawtooth Generator	锯齿波发生器	产生锯齿波，峰值振幅为±1，间隔固定。频率和相位可在属性对话框中设置
Three-Phase Sine Generator	三相正弦波发生器	产生三相平衡的正序正弦信号。三个输入端分别输入要生成正弦波的幅度、相位和频率
Three-Phase Programmable Generator	三相可编程信号发生器	可产生三相正弦波，同时还可以选择叠加两种谐波。正弦波的幅值、相位和频率以及谐波的次数、幅值、相位和频率都通过属性对话框设置

4. 电机模块库

电机模块库如图 2-7 所示。它包含 17 种模块和 1 个附加励磁系统子模块库。

17 种模块的功能如表 2-7 所示。附加励磁系统子模块库包括 8 种励磁模块，这里不详细叙述。

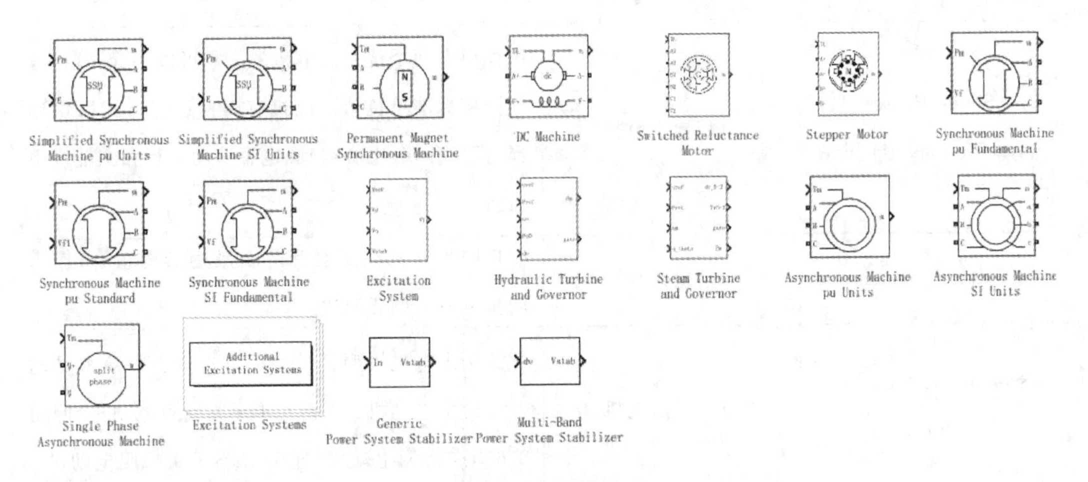

图 2-7　电机模块库

表 2-7　电机模块库相关模块及其功能

模块英文名称	模块中文名称	模块功能
Simplified Synchronous Machine pu Units	同步电机标幺值简化模型	这两个模型均用于模拟简易同步电机的电气特性和机械特性。一个模型参数设置用标幺值，另一个模型参数设置用标准单位值
Simplified Synchronous Machine SI Units	同步电机标准单位简化模型	

续表

模块英文名称	模块中文名称	模块功能
Synchronous Machine pu Fundamental	同步电机标幺值单位基本模型	该模型可以工作在发电机和电动机两种状态下。电机的电气部分用六阶状态空间模型表示，机械部分与同步电机简化模型相同
Synchronous Machine SI Fundamental	同步电机标准单位基本模型	
Synchronous Machine pu Standard	同步电机标准单位标准模型	电气部分和机械部分模型与同步电机基本模型相同，在设置参数时，转子和定子阻抗按 dq 坐标系设置
Permanent Magnet Synchronous Machine	永磁同步电机	永磁同步电机可以工作在发电机和电动机两种模式下。永磁体在定子上形成的反电动势的波形有两种可选择，一种是正弦的，另一种是梯形的
Asynchronous Machine pu Units	标幺值单位异步电机	这两种异步电机电气模型和机械模型相同，且都分为绕线式和笼型两种；区别在于设置参数时，一个电机用标幺值设置，另一个电机用标准单位值设置
Asynchronous Machine SI Units	异步电机标准单位	
Single Phase Asynchronous Machine	单相异步电机	该模块有两个绕组。电机的参数可以用标幺值，也可以用标准单位值。电机有四种运行方式可供选择：模拟分相、电容启动、电容启动运行和主辅绕组运行
Excitation Systems	励磁系统	实现同步电机稳压器和一个激励器的组合，作为同步电机的励磁装置
Switched Reluctance Motor	开关磁阻电机	开关磁阻电机模型在类型上可选择三种最常见的开关磁阻电动机：三相 6/4 开关磁阻电动机、四相 8/6 开关磁阻电动机、五相 10/8 开关磁阻电动机
Stepper Motor	步进电机	步进电机有两个模式可供选择，即可变磁阻步进电机以及永磁或混合式步进电机
DC Machine	直流电机	可用作直流发电机或直流电动机
Hydraulic Turbine and Governor	水轮机及调速器	水轮机并且组合一个 PID 调速系统

续表

模块英文名称	模块中文名称	模块功能
Steam Turbine and Governor	汽轮机及调速器	串联复合蒸汽原动机系统
Generic Power System Stabilizer	通用电力系统稳定器	该模型是一个由低通滤波器和高通滤波器组成的通用电力系统稳定器模型
Multi-Band Power System Stabilizer	多带宽电力系统稳定器	该模块提供含多种带宽滤波器的电力系统稳定器，有低通和高通两种频带设置，并有两种模型选择

5. 测量模块库

测量模块库如图 2-8 所示。它包括电流测量等 6 个测量模块和 1 个补充测量模块子库。6 个测量模块的功能如表 2-8 所示。

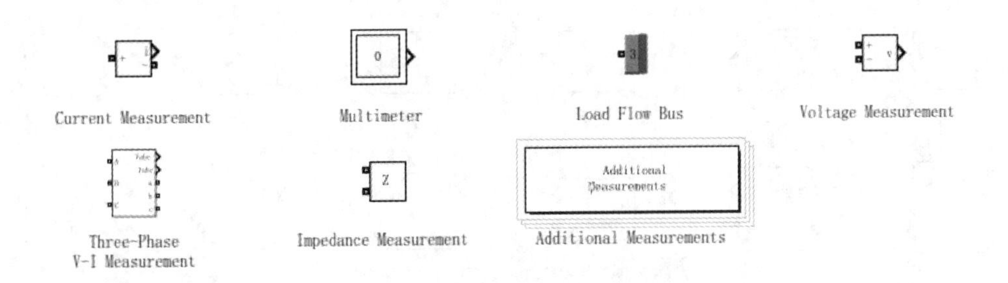

图 2-8　测量模块库

表 2-8　测量模块及其功能

模块英文名称	模块中文名称	模块功能
Current Measurement	电流测量	串联在电路中，用于测量电路的瞬时电流值。并且，它提供了一个 Simulink 输出信号，可供其他 Simulink 模块，如示波器(Scope)使用
Voltage Measurement	电压测量	并联在电路两个电气节点之间，用于测量两点之间的瞬时电压。并且，它提供了一个 Simulink 输出信号，可供其他 Simulink 模块，如示波器(Scope)使用
Three-Phase V-I Measurement	三相电压电流测量	串联在三相电路中，用于测量电路中瞬时三相电压和电流

续表

模块英文名称	模块中文名称	模块功能
Multimeter	多路测量	Specialized Power Systems 库中很多模块的属性对话框都有一项“Measurements”。如果这一项没有选择“No”，而是选择了需要测量的电压或电流等参数，那么同一模型文件中的 Multimeter 就能接收到该模块的电压、电流等信号，并能输出
Impedance Measurement	阻抗测量	用于测量一个电路某两点之间的阻抗
Load Flow Bus	负荷流量总线	用于标记潮流母线

补充测量模块子库包括 20 个测量模块，如图 2-9 所示。在这些测量模块中，一共有 7 个功率测量模块，功能如表 2-9 所示；有 13 个测量其他值的模块，功能如表 2-10 所示。

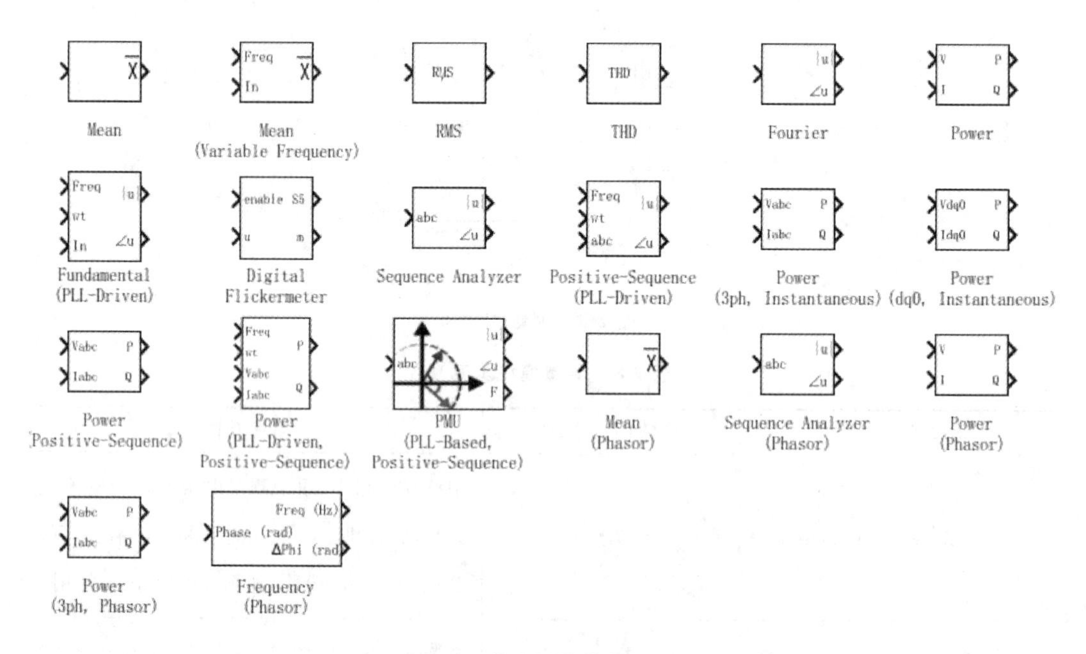

图 2-9　补充测量模块子库

表 2-9　补充测量模块子库中的功率测量模块及其功能

模块英文名称	模块中文名称	模块功能
Power	功率测量	输入电压和电流信号，计算出有功功率和无功功率

续表

模块英文名称	模块中文名称	模块功能
Power(Phasor)	功率测量(向量)	根据输入电压、电流的向量计算有功功率和无功功率
Power (3ph,Instantaneous)	三相功率测量	计算三相周期电压信号和相应周期电流信号的瞬时有功功率和无功功率
Power (dq0,Instantaneous)	三相 dq 系统的功率测量	计算三相瞬时有功功率和无功功率,输入信号的值要求是 dq 坐标系下的值
Power(3ph,Phasor)	三相功率测量(向量)	计算三相有功功率和无功功率,根据输入电压和电流的向量进行计算
Power(Positive-Sequence)	功率测量(正序)	首先计算输入电压和电流的正序,并在指定的基频周期内计算正序有功功率和无功功率
Power(PLL-Driven, Positive-Sequence)	功率测量(锁相后输入,正序分量)	Freq 和 wt 两端需要接锁相环的输出,然后计算输入三相电压和电流信号正序分量的有功功率和无功功率

表 2-10　补充测量模块子库中的其他测量模块及其功能

模块英文名称	模块中文名称	模块功能
Mean	平均值测量	根据设定频率计算输入信号一个周期的平均值,这个频率设置好后就是固定值
Mean(Variable Frequency)	平均值测量(变频率)	根据 Freq 端输入的频率计算输入信号一个周期的平均值,Freq 端的输入信号是可变的
Mean(Phasor)	平均值测量(向量)	计算输入信号的平均值,输入信号是向量形式
RMS	有效值测量	计算输入信号在指定频率下一个周期的有效值
THD	谐波测量	计算总的谐波失真率
Fourier	傅立叶分析	对输入信号进行傅立叶变换。可以编程计算直流分量、基波分量或输入信号的任何谐波分量的大小和相位

续表

模块英文名称	模块中文名称	模块功能
Fundamental (PLL-Driven)	基本测量(锁相输出驱动)	基于锁相输出驱动,测量基波幅值和相位
Digital Flickermeter	数字闪变计	用于测量频率的变化
Sequence Analyzer	序列分析仪	对输入信号进行相序分析,输出一组三个平衡或不平衡信号的正序、负序和零序分量的大小和相位。索引1表示正序列,索引2表示负序列,索引0表示零序列。信号可以选择性地包含谐波
Sequence Analyzer(Phasor)	序列分析仪(向量)	序列分析仪,要求输入是向量信号
Positive-Sequence (PLL-Driven)	正序分析(PLL驱动)	计算输入3个信号的正序分量(幅值和相位),并由锁相输出驱动,即Freq和wt输入端口接锁相模块的输出
PMU(PLL-Based Positive-Sequence)	向量测量单元(基于锁相环的正序分析仪)	内部包含锁相环(PLL),实现相量测量。输入信号可以是一组三相平衡或不平衡的信号并可以包含谐波
Frequency(Phasor)	频率测量(向量信号)	对电力系统中的向量信号进行频率测量

6. 接口模块库

从图2-1可以看出,Specialized Power Systems库是Electrical的一个子库,Specialized Power Systems库中模块的接口不能和Electrical其他子库中的模块直接连接,也就是说一个模型文件中,如果既用到Specialized Power Systems库中的模块又用到Electrical其他子库中的模块,就需要接口。接口模块库如图2-10所示。各模块的功能如表2-11所示。

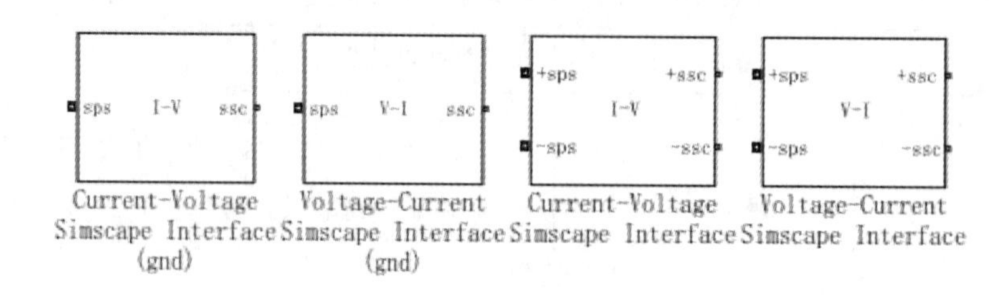

图2-10 接口模块库

表 2-11　接口模块库模块及其功能

模块英文名称	模块中文名称	模块功能
Current-Voltage Simscape Interface (gnd)	电流-电压 Simscape 接口(gnd)	将 Specialized Power Systems 库中的模块和 Simscape 其他库的电气元件连接起来。模块内部有接地端。sps 端口连接 Specialized Power Systems 库中的模块,像一个指向地面的受控电流源。ssc 端口接 Simscape 其他库中的模块,就像一个指向地面的受控电压源
Voltage-Current Simscape Interface (gnd)	电压-电流 Simscape 接口(gnd)	内部有接地端。sps 端口连接 Specialized Power Systems 库中的模块,像一个指向地面的受控电压源。ssc 端口接 Simscape 其他库中的模块,就像一个指向地面的受控电流源
Current-Voltage Simscape Interface	电流-电压 Simscape 接口	与 Current-Voltage Simscape Interface (gnd)模块相比,没有接地端,其他功能类似
Voltage-Current Simscape Interface	电压-电流 Simscape 接口	与 Voltage-Current Simscape Interface (gnd)模块相比,没有接地端,其他功能类似

2.1.2　控制和测量模块库

控制和测量模块库(Control & Measurements)包括 7 个子模块库,如图 2-11 所示。其中,测量模块库(Measurements)与 2.1.1 中补充测量模块子库相同,脉冲和信号发生器模块库(Pulse & Signal Generators)与 2.1.1 中脉冲和信号发生器模块子库相同,不重复介绍。

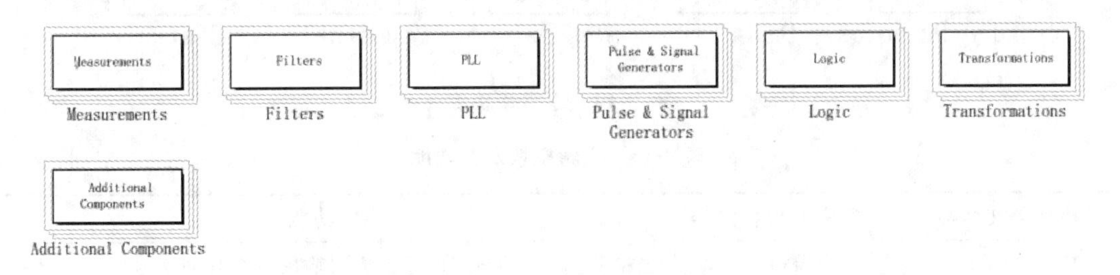

图 2-11　控制和测量模块库

1. 滤波模块库

滤波模块库(Filters)如图 2-12 所示,共包括 4 个模块,模块功能如表 2-12 所示。

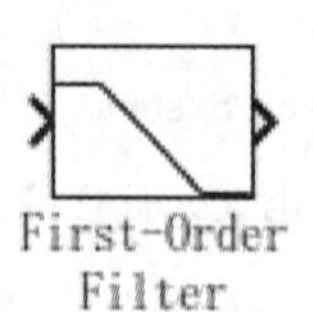

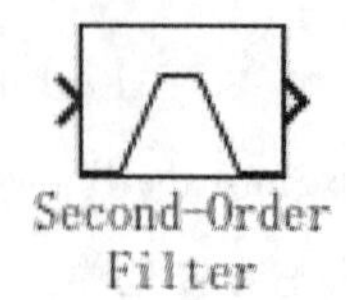

(Variable-Tuned)
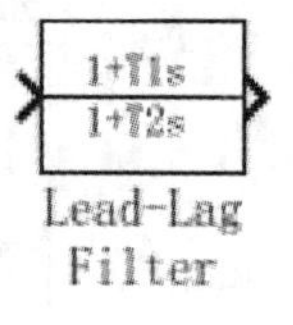

图 2-12 滤波模块库

表 2-12 滤波模块及其功能

模块英文名称	模块中文名称	模块功能
First-Order Filter	一阶滤波器	可以实现一阶低通或高通滤波
Second-Order Filter	二阶滤波器	可以实现二阶低通或高通滤波
Second-Order Filter (Variable-Tuned)	二阶可变调谐滤波器	可以实现四种不同的二阶滤波,即低通滤波、高通滤波、带通滤波和带阻滤波器
Lead-Lag Filter	超前-滞后滤波器	主要实现控制中的超前或滞后补偿

2. 锁相模块库

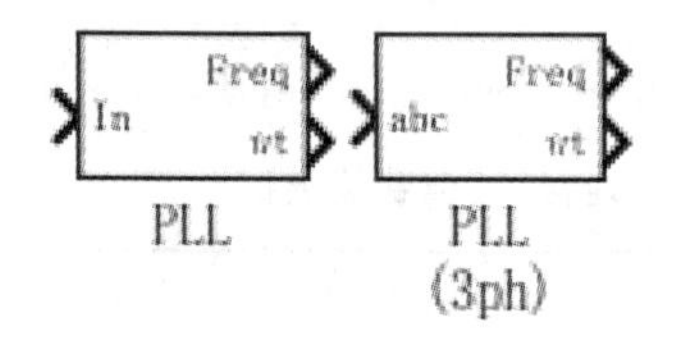

图 2-13 锁相模块库

锁相模块库(PLL)如图 2-13 所示,只包含 2 个模块。其中:PLL 是单相锁相模块,功能是使振荡信号的频率和相位与输入正弦信号的频率和相位同步;PLL(3ph)是三相锁相模块,功能是使振荡信号的频率和相位与输入三相信号的频率和相位同步。

3. 逻辑模块库

逻辑模块库(Logic)如图 2-14 所示。它包含 5 个模块,模块功能如表 2-13 所示。

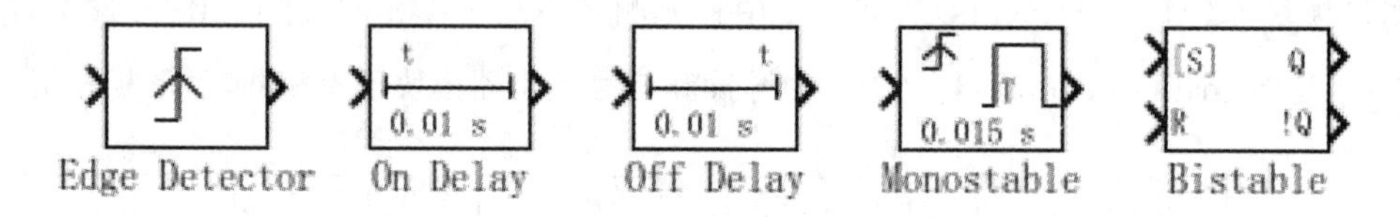

图 2-14 逻辑模块库

表 2-13 逻辑模块及其功能

模块英文名称	模块中文名称	模块功能
Edge Detector	边沿检测	当检测到上升沿时,边缘检测器输出一个脉冲信号
On Delay	开通延迟	产生延迟的开通信号

续表

模块英文名称	模块中文名称	模块功能
Off Delay	关断延迟	产生延迟的关断信号
Monostable	单稳态触发	当逻辑输入发生变化时，该模块输出正脉冲信号。该模块通过设置来检测上升沿、下降沿或任何一种边沿
Bistable	双稳态触发	当输入 $R=0,S=1$ 时，输出 $Q=1,\overline{Q}=0$；当输入 $R=0,S=0$ 时，输出 $Q=0,\overline{Q}=1$；当输入 $R=0,S=0$ 时，输出为前一个状态；当输入 $R=1,S=1$ 时，输出为不稳定状态

4. 坐标变换模块库

坐标变换模块库（Transformations）如图 2-15 所示，包含 6 个坐标变换模块。这些模块的功能如表 2-14 所示。

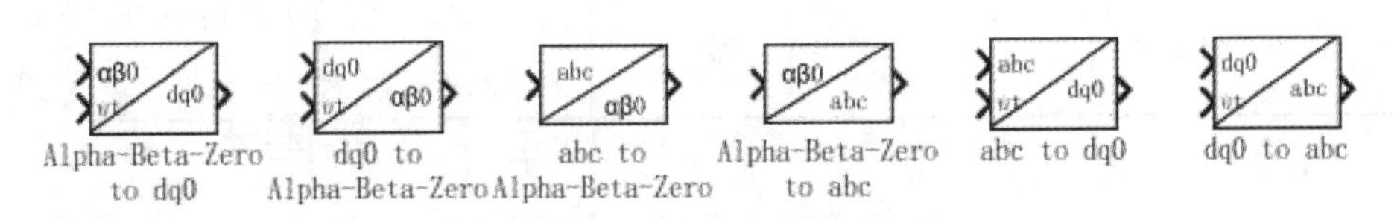

图 2-15　坐标变换模块库

表 2-14　坐标变换模块及其功能

模块英文名	模块中文名	模块功能
Alpha-Beta-Zero to dq0	$\alpha\beta$ 坐标到 dq 坐标变换	将静止的 $\alpha\beta$ 坐标转换成旋转的 dq 坐标，也称 Park 变换
dq0 to Alpha-Beta-Zero	dq 坐标到 $\alpha\beta$ 坐标变换	将旋转的 dq 坐标转换成静止的 $\alpha\beta$ 坐标，也称反 Park 变换
abc to Alpha-Beta-Zero	abc 坐标到 $\alpha\beta$ 坐标变换	将静止的 abc 坐标转换成静止的 $\alpha\beta$ 坐标，也称 Clark 变换
Alpha-Beta-Zero to abc	$\alpha\beta$ 坐标到 abc 坐标变换	将静止的 $\alpha\beta$ 坐标转换成静止的 abc 坐标，也称反 Clark 变换
abc to dq0	abc 坐标到 dq 坐标变换	将静止的 abc 坐标转换成旋转的 dq 坐标，也称 Park 变换
dq0 to abc	dq 到 abc 坐标变换	将旋转的 dq 坐标转换成静止的 abc 坐标，也称反 Park 变换

5. 补充模块库

补充模块库（Additional Components）只包含 3 个模块，如图 2-16 所示。这 3 个模块的功能如表 2-15 所示。

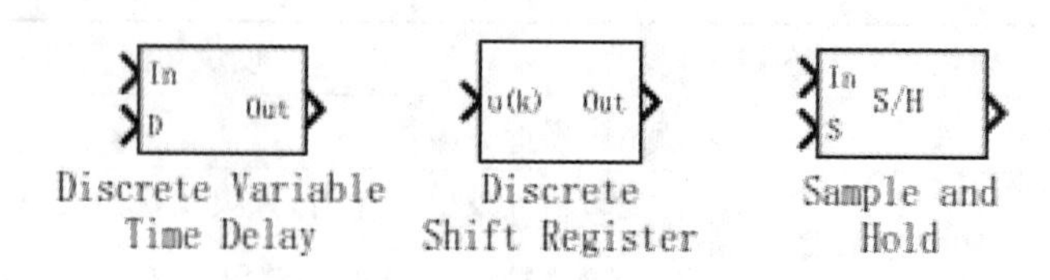

图 2-16　补充模块库

表 2-15　补充模块及其功能

模块英文名称	模块中文名称	模块功能
Discrete Variable Time Delay	离散可变时间延迟器	将 In 端的输入信号按照 D 端输入指定的值延迟时间
Discrete Shift Register	离散移位寄存器	输出一个包含输入信号的最后 N 个样本的向量
Sample and Hold	采样保持器	当 S 端输入信号为真时，输出输入信号。当 S 端输入信号为假时，保存输出信号

2.2　Simulink 库

在库浏览器中，属于 Simulink 名下的模块库有 19 大类，如图 2-17 所示，包括信源模块库、信宿模块库、连续系统模块库、离散系统模块库、数学运算模块库、信号与系统模块库、非线性模块库等。接下来重点介绍本书中使用频率较高的几个模块库。

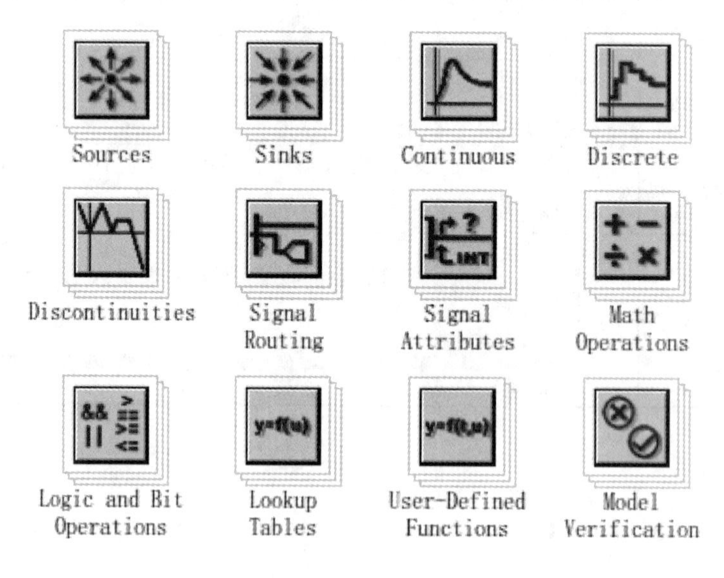

图 2-17　Simulink 库

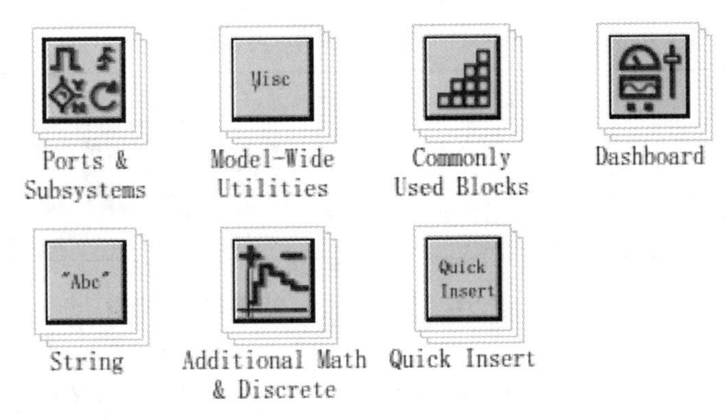

续图 2-17

2.2.1 信源模块库

信源模块库(Sources)提供了多种信号发生器,用以产生系统的激励信号。信源模块库中的信号源模块如图 2-18 所示。这些模块的具体功能如表 2-16 所示。

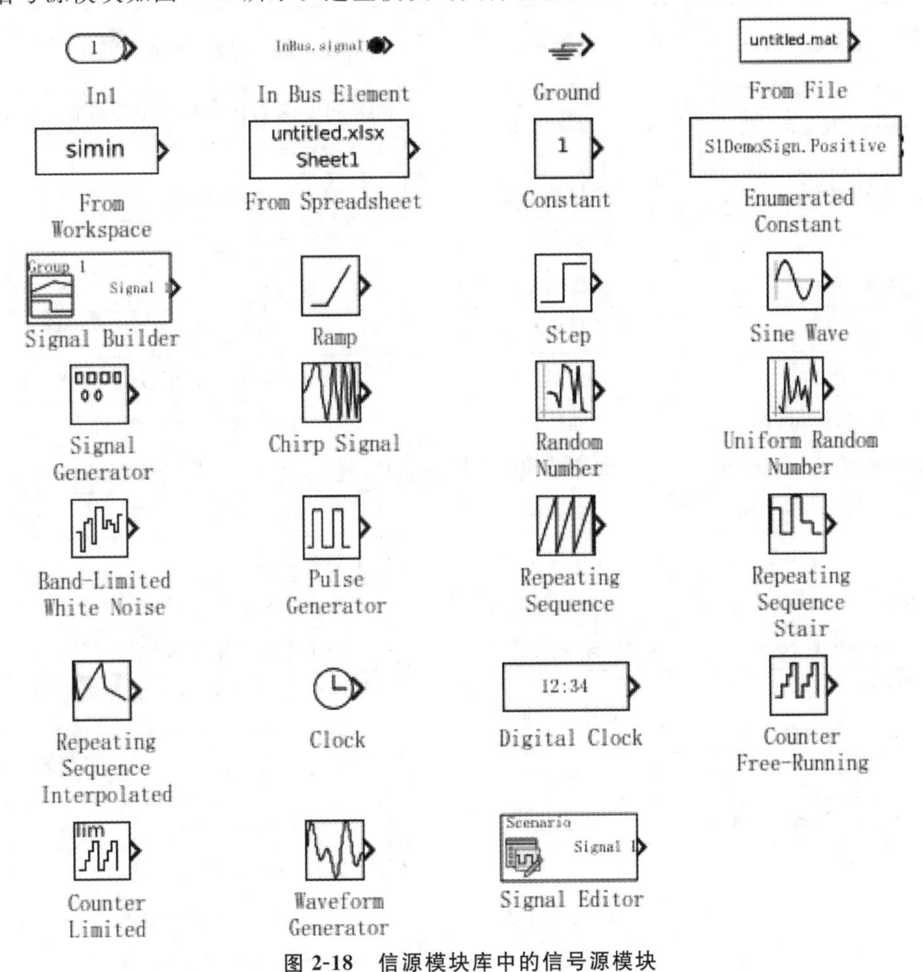

图 2-18 信源模块库中的信号源模块

表 2-16 信号源模块及其功能

模块英文名称	模块中文名称	模块功能
In1	输入端子	提供分支系统的输入端子
In Bus Element	总线输入	结合了 Inport 模块和 Bus Select 模块的功能
Ground	地	提供输入接地端
From File	从文件输出数据	从.mat 文件读出数据
From Workspace	从工作空间输出数据	从工作空间读出数据
From Spreadsheet	从电子表格输出数据	从电子表格读出数据
Constant	常量	设置一个常数量
Enumerated Constant	枚举常量	输出枚举值的标量、数组或矩阵
Signal Builder	信号构建	创建可互换的分段线性信号源组，并在模型中使用它们
Ramp	斜坡信号源	产生斜率可调的斜坡信号
Step	阶跃信号源	产生阶跃信号
Sine Wave	正弦信号源	产生正弦信号
Signal Generator	信号发生器	可以产生正弦波、锯齿波、方波信号等
Chirp Signal	调频信号	产生频率变化的正弦信号
Random Number	随机数	产生一个标准的高斯分布信号
Uniform Random Number	均匀分布的随机信号	产生均匀分布的随机信号
Band-Limited White Noise	白噪声	产生白噪声信号
Pulse Generator	脉冲发生器	产生脉冲信号
Repeating Sequence	锯齿波发生器	产生一个重复的锯齿波信号
Repeating Sequence Stair	阶梯波发生器	产生一个重复的阶梯波信号
Repeating Sequence Interpolated	重复序列插值	根据时间值向量和输出值参数向量的值输出周期性离散时间序列
Clock	时钟	产生时间信号
Digital Clock	数字时钟	按一定时间间隔显示时间
Counter Free-Running	自由运行计数器	这个计数器在属性对话框中设置计数器的最大位数，如 7。计数值达到 2^7-1 后，计数器溢出为零，并开始重新计数

续表

模块英文名称	模块中文名称	模块功能
Counter Limited	有限值计数器	这个计数器在属性对话框中直接设置计数器的最大值，如 100。计数器计数值达到指定的上限 100 后，计数器回到零，并重新开始计数。这个计数器总是初始化为零
Waveform Generator	波形发生器	基于波形定义表输出波形
Signal Editor	信号编辑器	用于显示、创建和编辑可互换方案。也可以使用该模块切换模型的方案

2.2.2 信宿模块库

信宿模块库(Sinks)如图 2-19 所示。它共包括 10 种模块，这些模块多是用于显示和记录的仪器仪表，用于观察信号波形和记录信号。这些模块的功能如表 2-17 所示。

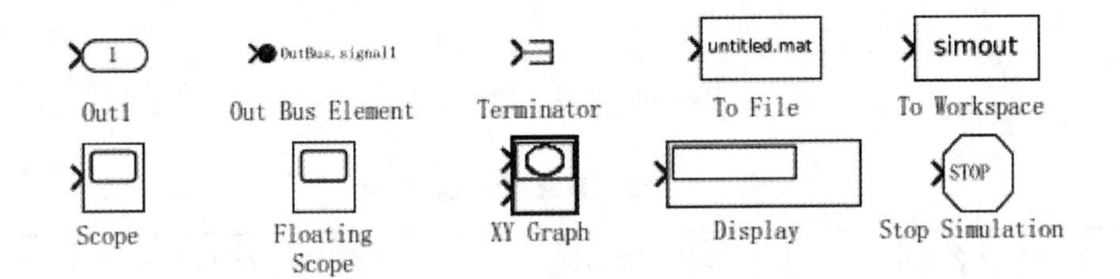

图 2-19 信宿模块库

表 2-17 信宿模块及其功能

模块英文名称	模块中文名称	模块功能
Out1	输出端子	提供分支系统的输出端子
Out Bus Element	输出总线	输出并行的 n 个信号
Terminator	终端	用以封闭信号
To File	存到文件中	将信号存到后缀名为.mat 的文件中
To Workspace	存到工作空间	将信号写到工作空间，以便调取使用
Scope	示波器	可以观察输入信号的波形
Floating Scope	浮动示波器	可以选择显示的信号
XY Graph	XY 绘图仪	将输入的两个信号作为 X/Y 变量绘图
Display	显示器	将信号以数字的方式显示
Stop Simulation	停止仿真	满足条件后停止仿真

2.2.3 连续系统模块库

连续系统模块库(Continuous)如图 2-20 所示。各模块的功能如表 2-18 所示。

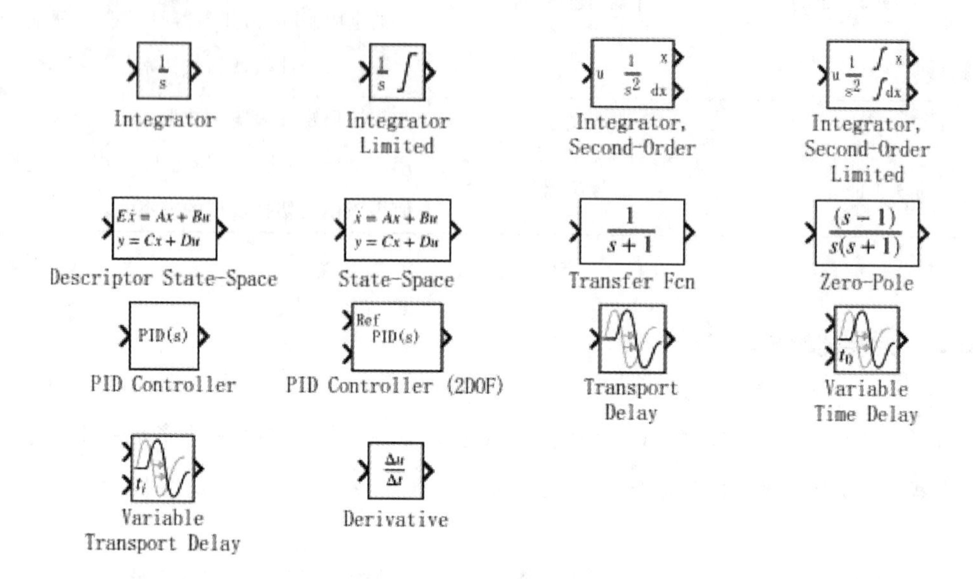

图 2-20 连续系统模块库

表 2-18 连续系统模块及其功能

模块英文名称	模块中文名称	模块功能
Integrator	积分器	对输入信号进行积分运算
Integrator Limited	限幅积分器	完成具有限幅环节的积分运算
Integrator Second-Order	二阶积分器	对输入信号进行二阶积分运算
Integrator Second-Order Limited	二阶限幅积分器	完成具有限幅环节的二阶积分运算
State-Space	状态空间	建立状态方程
Descriptor State-Space	描述符状态空间	建立状态方程,与 State-Space 状态方程的表现形式不同
Transfer Fcn	传递函数	提供分子、分母以多项式表示的传递函数
Zero-Pole	零极点	提供以零极点表示的传递函数
PID Controller	PID 控制器	提供比例-积分-微分控制器
PID Controller(2DOF)	PID 控制器(2 自由度)	提供具有 2 自由度的比例-积分-微分控制器
Transport Delay	传输延迟	将输入信号延迟一个给定时间后输出

续表

模块英文名称	模块中文名称	模块功能
Variable Time Delay	变时间延迟	对第一输入信号应用延迟。如果延迟类型是可变的时间延迟，则第二个输入指定延迟时间 t_0
Variable Transport Delay	可变传输延迟	对第二个输入指定输入处的瞬时延迟时间 t_i。该模块可用于模拟不可压缩液体在管道中的流动等可变传输延迟现象
Derivative	微分器	对输入信号进行微分运算

Simulink 中其他子模块库的模块在使用时，可以查询帮助文件。

第3章 直流电机调速控制系统仿真项目

3.1 任务简介

直流调速是现代电力拖动自动控制系统中发展较早的技术。20 世纪 60 年代初，随着晶闸管的出现，现代电力电子和控制理论、计算机的结合促进了电力传动控制研究和应用技术的发展。晶闸管-直流电机调速控制系统为现代工业提供了高效、高性能的动力。

本章需要完成对直流电机调速控制系统的建模，实现从直流电机启动到直流电机开环调速再到直流电机转速和电流双闭环调速控制目标。完成本章的学习后，能够达成的学习目标如下。

(1) 掌握直流电机启动的原理。

(2) 掌握直流电机调速的原理。

(3) 掌握晶闸管整流电路的原理。

(4) 会分析直流电机调速的影响因素，能够实现闭环控制的仿真建模。

3.2 直流电机的相关知识

直流电机包括直流电动机和直流发电机。直流电机凭借优异的调速性能得到广泛的应用，但是结构复杂、制造成本高的缺点制约了它的进一步发展。

直流电机的励磁方式分为他励、并励、串励和复励 4 种。对于直流电机的运行，主要采用 MATLAB 的计算和绘图功能来研究其机械特性；对于直流电机的拖动，主要采用 Simulink 仿真模型来分析其启动、制动和调速方式。

3.2.1 直流电机的特性

以他励直流电机为例，直流电机的电磁转矩方程为

$$T_e = C_t \Phi I_a = 9.55 C_e \Phi I_a \tag{3-1}$$

式中：Φ 表示每极的总磁通量；C_e 称为电动势常数；C_t 称为转矩常数；I_a 为电枢电流。

感应电动势方程为

$$E = C_e n \Phi \tag{3-2}$$

式中：Φ 表示每极的总磁通量；C_e 称为电动势常数；n 表示电机转速，单位是 r/min。

直流电机稳态运行时的电路如图 3-1 所示，因此有电枢电路电压平衡方程为

$$U = E + I_a R_a \tag{3-3}$$

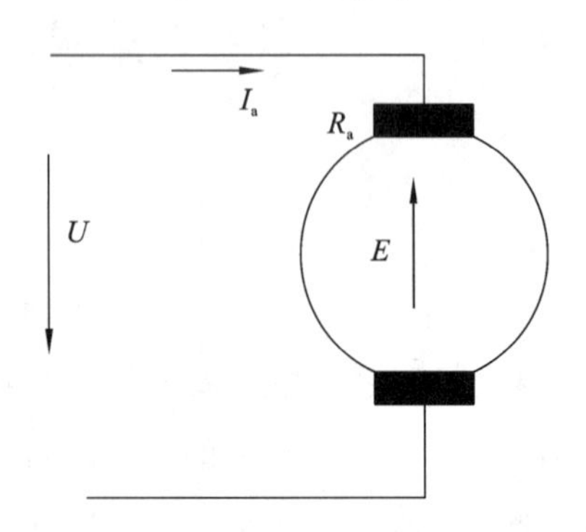

图 3-1　直流电机稳态运行时的电路

直流电机的机械特性是指当 $U=U_N$、每极的总磁通量 $\Phi=\Phi_N$、励磁电阻 R_f 为常数时，电机的转速与电磁转矩的关系，可表示为

$$n = \frac{U - I_a R_a}{C_e \Phi_N} = \frac{U}{C_e \Phi_N} - \frac{R_a}{C_e C_t \Phi_N^2} T_{em} = n_0 - \Delta n \tag{3-4}$$

式中：$n_0 = \dfrac{U}{C_e \Phi_N}$，$n_0$ 为理想空载转速，是机械特性曲线和纵轴交点的转速；$\Delta n = \dfrac{R_a}{C_e C_t \Phi_N^2} T_{em}$，$\Delta n$ 称为负载转矩为额定转矩 T_{em} 时的转速降。

例 3-1　一台 Z2 型他励直流电机的额定功率 $P_N=22$ kW，额定电压 $U_N=220$ V，额定电流 $I_N=115$ A，额定转速 $n_N=1500$ r/min，电枢电阻 $R_a=0.18\ \Omega$，励磁电阻 $R_f=628\ \Omega$，计算它的理想空载转速 n_0，并绘制它的机械特性曲线。

解　建立 m 文件的程序代码为

```
Un=220;Pn=22*10^3;
In=115;nN=1500;
Ra=0.18;Rf=628;
CePhi=(Un-Ra*In)/nN;
CtPhi=9.55*CePhi;
n0=Un/CePhi;
Ia=0:In;        %电流从 0 到额定值变化的数组
```

```
n=(Un-Ra*Ia)/CePhi;  %电流从 0 到额定值变化时,转速的变化
subplot(2,1,1)
plot(Ia,n)   %画出随着电枢电流变化时,转速的变化图形
axis([0 Ie 0 n0])
xlabel('电枢电流 Ia/A')
ylabel('电机转速 n/rmp')
title('电机转速与电枢电流关系图')
subplot(2,1,2)
Te=CtPhi*Ia;          %电流变化时,电磁转矩的变化
plot(Te,n)            %画出随着转速的变化,电磁转矩的变化图形
axis([0 Te 0 n0])
xlabel('电磁转矩 Te/N.m')
ylabel('电机转速 n/rmp')
title('电机转速与电流转矩关系图')
```

运行这个 m 文件,可以得到 n_0 和机械特性仿真曲线,如图 3-2 所示。

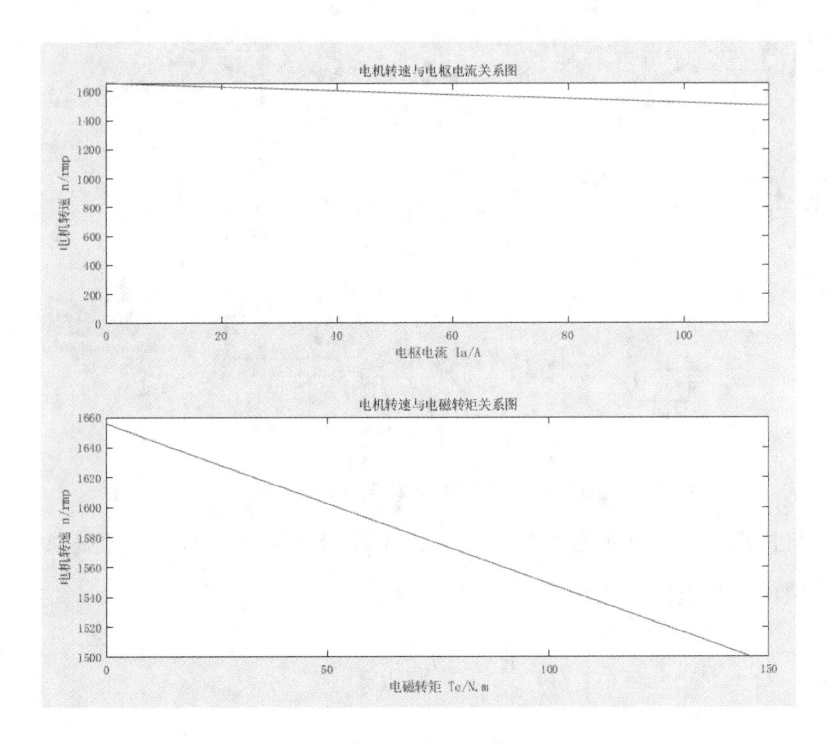

图 3-2　直流电机机械特性仿真曲线

3.2.2 直流电机 Simulink 模型

Simulink 中直流电机的模型如图 3-3 所示，在 Simscape→Electrical→Specialized Power Systems→Fundamental Blocks→Machines 模块库中。

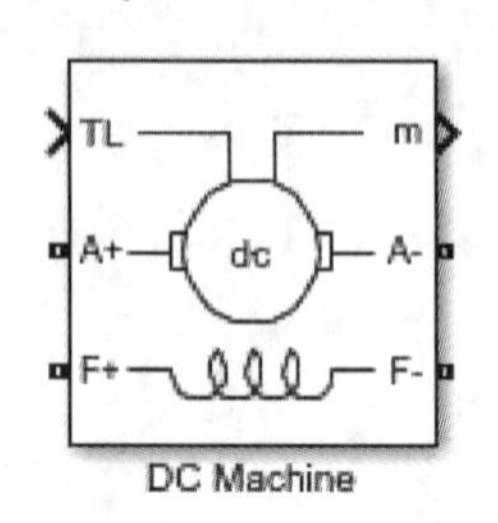

图 3-3 直流电机模块图标

在图 3-3 中，输入 TL 为负载转矩；输出 m 是一个向量，包含直流电机本身的 4 个信号——角速度 ω(rad/s)、电枢电流 I_a(A)、励磁电流 I_f(A)和电磁转矩 T_e(N・m)；A＋和 A－端口为电枢电路正、负极性端子；F＋和 F－端口分别为励磁电路正、负极性端子。

直流电机模块内部模型如图 3-4 所示。在图中，Ra、La 分别是电枢电阻和电感；Rf、Lf 分别是励磁绕组的电阻和电感；FCEM 是一个受控源，它将 Electrical Model 模块(电气模型)的计算值转换成电枢电路的电枢反电动势。Electrical Model 模块内部结构如图 3-5 所示。Mechanical Model(机械模型)内部是关于电气线路的测量列表，列表中包括转速、电枢电流、励磁电流和电磁转矩。

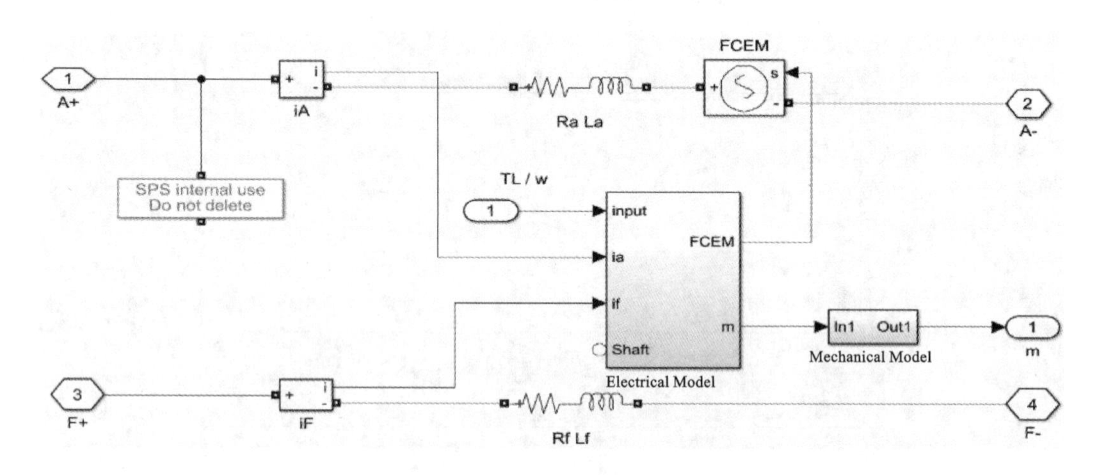

图 3-4 直流电机模块内部模型图

直流电机内部模型实际上是根据直流电机的数学模型建立的。以他励直流电机为例，直流电机模块的数学模型可表示为

$$\begin{cases} u_f = R_f i_f + L_f \dfrac{di_f}{dt} \\ u_a = R_a i_a + L_a \dfrac{di_a}{dt} + e(i_f, \omega_r) \\ e(i_f, \omega_r) = L_{af} i_f \omega_r \end{cases} \tag{3-5}$$

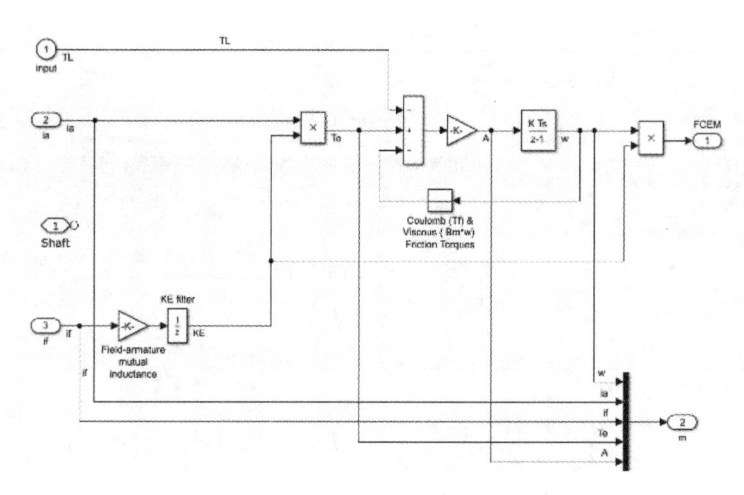

图 3-5　Electrical Model 模块内部结构图

电磁转矩方程为

$$T_e = L_{af} i_f i_a \tag{3-6}$$

转矩平衡方程为

$$T_e = T_L + J\frac{d\omega_r}{dt} + B_m\omega_r + T_f \tag{3-7}$$

式(3-5)至式(3-7)中：u_f为励磁电压；i_f为励磁电流；R_f为励磁电阻；L_f为励磁电感；u_a为电枢电压；i_a为电枢电流；R_a为电枢电阻；L_a为电枢电感；ω_r为电机转子机械角速度(rad/s)；L_{af}为磁场和电枢绕组间互感；T_e为电磁转矩；T_L为机械转矩；J 为转动惯量(kg・m^2)；B_m为黏性摩擦系数(N・m・s)；T_f为库仑摩擦转矩(N・m)。

在使用直流电机模型时，需要对该模型的参数进行设置。双击 DC Machine 模块，打开模型参数设置对话框，如图 3-6 所示。该对话框包括 Configuration 页、Parameters 页和 Advanced 页三个选项页。

1. Configuration 页

(1) Preset model：预设模型，提供了 32 种特定的预设电机和 No 选项。当选择 No 时，参数需要在 Parameters 页自主设置；当选择预设电机时，预设电机的参数已设定好了，例如，01 号电机模型的额定功率是 5 HP(1 HP=745.7 W)，额定电枢电压为 240 V，额定转速是 1 750 RPM(RPM 即单位 r/min)，额定励磁电压是 300 V。默认选项为 No。

(2) Mechanical input：机械输入选项，包括转矩输入(Torque TL)和转速输入(Speed w)，默认选项为转矩输入。

(3) Field type：励磁绕组的类型，包括绕线式励磁线圈(Wound)和永磁体(Permanent magnet)。若在 Preset model 选项中选择 No 选项，则这一项可以设置；若在 Preset model 选项中选择了 32 种预设电机中的一种，则这一项是灰色的，不能设置。

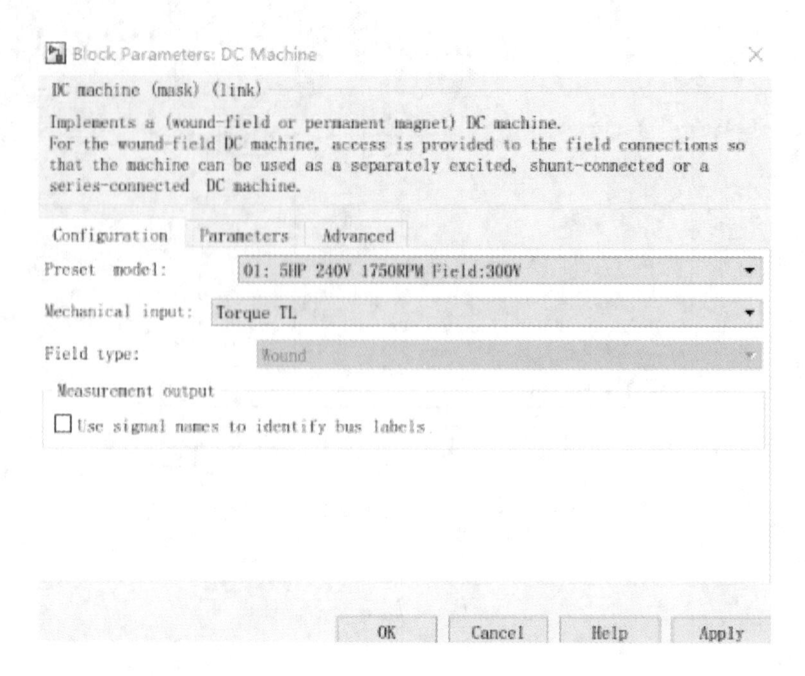

图 3-6　直流电机模型参数设置对话框 Configuration 页

2. Advanced 页(高级选项页)

Advanced 页如图 3-7 所示。这个选项页只有一项参数,即采样时间——Sample time (−1 for inherited)。采样时间一般情况下只能是正值;唯一负值是−1,代表继承前段的采样时间。

图 3-7　直流电机模型参数设置对话框 Advanced 页

3. Parameters 页

该页的设置界面如图 3-8 所示。

Block Parameters: DC Machine

DC machine (mask) (link)

Implements a (wound-field or permanent magnet) DC machine.
For the wound-field DC machine, access is provided to the field connections so that the machine can be used as a separately excited, shunt-connected or a series-connected DC machine.

Configuration　Parameters　Advanced

Armature resistance and inductance [Ra (ohms) La (H)] [0.6 0.012]

Field resistance and inductance [Rf (ohms) Lf (H)] [240 120]

Field-armature mutual inductance Laf (H) : 1.8

Total inertia J (kg.m^2) 1

Viscous friction coefficient Bm (N.m.s) 0

Coulomb friction torque Tf (N.m) 0

Initial speed (rad/s) : 1

Initial field current: 1

OK　Cancel　Help　Apply

图 3-8　直流电机模型参数设置对话框 Parameters 页

(1) Armature resistance and inductance [Ra (ohms) La (H)]:电枢电阻和电感。

(2) Field resistance and inductance [Rf (ohms) Lf (H)]:励磁绕组电阻和电感。

(3) Field-armature mutual inductance Laf (H):励磁绕组和电枢之间的互感。

(4) Total inertia J (kg. m^2):电机总转动惯量。

(5) Viscous friction coefficient Bm (N. m. s):黏性摩擦系数。

(6) Coulomb friction torque Tf (N. m):库仑摩擦转矩。

(7) Initial speed (rad/s):初始角速度。

(8) Intial field current:初始励磁电流。

当选择了有编号的预设电机时,这一页的选项中只有初始角速度可以设置,其他的参数都不能设置。只有在 Preset model 选项中选择 No 选项时,这一页的所有参数才可以设置。

在不使用预设电机时,需要设置参数电枢电阻 R_a 和电枢电感 L_a、励磁电阻 R_f 和励磁电感 L_f,励磁绕组和电枢的互感 L_{af} 等,但这些参数通常在直流电机的铭牌上没有全部标出,下面以他励直流电机为例，给出根据电机铭牌参数计算以上参数的过程。

例 3-2 一台他励直流电机铭牌上的额定参数为 $U_N = 36\ \text{V}$、$I_N = 10.2\ \text{A}$、$P_N = 345\ \text{W}$、$n_N = 3\ 600\ \text{r/min}$，励磁电阻 $R_f = 180\ \Omega$，励磁电压为 50 V，磁极对数为 1。

(1) 估算电枢电阻 R_a。

$$R_a = \frac{1}{2} \times \frac{U_N I_N - P_N}{I_N^2} = \frac{1}{2} \times \frac{36 \times 10.2 - 345}{10.2^2}\ \Omega = 0.106\ 7\ \Omega$$

(2) 计算 $C_e\Phi_N$。

$$C_e\Phi_N = \frac{U_N - I_N R_a}{n_N} = \frac{36 - 10.2 \times 0.106\ 7}{3\ 600}\ \text{V/(r/min)} = 0.009\ 7\ \text{V/(r/min)}$$

(3) 计算理想空载转速 n_0。

$$n_0 = \frac{U_N}{C_e\Phi_N} = \frac{36}{0.009\ 7}\ \text{r/min} = 3\ 711\ \text{r/min}$$

(4) 计算额定转矩 T_N。

$$T_N = 9.55 C_e\Phi_N I_N = 9.55 \times 0.009\ 7 \times 10.2\ \text{N}\cdot\text{m} = 0.945\ \text{N}\cdot\text{m}$$

(5) 估算电枢电感 L_a。

$$L_a = 19.1 \times \frac{CU_N}{2pn_N I_N} = 19.1 \times \frac{0.4 \times 36}{2 \times 1 \times 3\ 600 \times 10.2}\ \text{H} = 0.003\ 7\ \text{H}$$

(6) 估算励磁电流。

$$I_f = \frac{U_f}{R_f} = \frac{50}{180}\ \text{A} = 0.28\ \text{A}$$

(7) 估算电动势常数。

$$K_E = \frac{60}{2\pi} C_e\Phi_N = \frac{60}{2 \times 3.141\ 6} \times 0.009\ 7\ \text{V/(r/min)} = 0.092\ 6\ \text{V/(r/min)}$$

(8) 估算电枢绕组和励磁绕组互感。

$$L_{af} = \frac{K_E}{I_f} = \frac{0.092\ 6}{0.28}\ \text{H} = 0.331\ \text{H}$$

3.2.3 直流电机的启动

直流电机直接启动时启动电流很大，启动转矩 T_{st} 也很大，因此启动电流 I_{st} 应限制在允许的范围内，也就是说启动电流要小于电机自身的允许电流和电网的允许电流，与启动电流对应的启动转矩要大于负载转矩。他励直流电机直接启动空载运行仿真模型如图 3-9 所示。图中仿真模块的提取路径如表 3-1 所示。

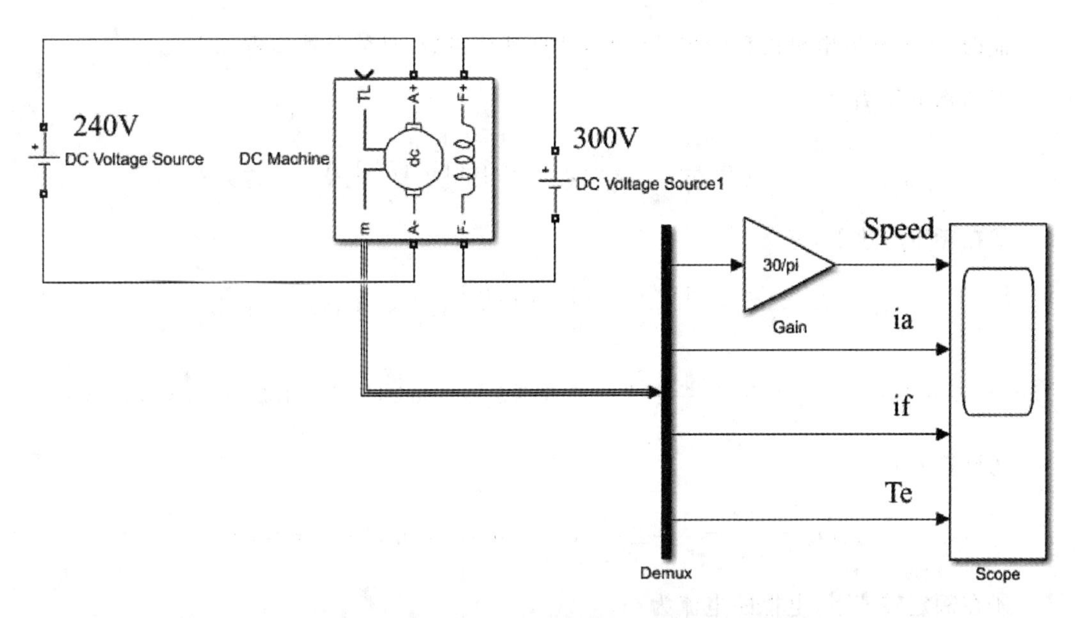

图 3-9　他励直流电机直接启动空载运行仿真模型

表 3-1　他励直流电机直接启动空载运行仿真模型中各仿真模块提取路径

模块名	提取路径
DC Voltage Source	Simscape→Electrical→Specialized Power Systems→Fundamental Blocks→Electrical Sources
Demux	Simulink→Commonly Used Blocks
Gain	Simulink→Commonly Used Blocks
Scope	Simulink→Sinks

直流电机选择预设 01 号直流电机模型，该模型的参数如表 3-2 所示。

表 3-2　01 号直流电机模型参数

参数	数值	参数	数值
额定功率 P_N	5 HP=5×745.7 W=3 728.5 W	额定电压 U_N	240 V
额定转速 n_N	1 750 r/min	励磁电压 U_f	300 V
电枢电阻 R_a	2.581 Ω	电枢电感 L_a	0.028 H
励磁电阻 R_f	281.3 Ω	励磁电感 L_f	156 H
励磁和电枢之间的互感 L_{af}	0.948 3 H	转动惯量 J	0.022 15 kg·m^2
黏性摩擦系数 B_m	0.002 953 N·m·s	库仑摩擦转矩 T_f	0.516 1 N·m
初始角速度	0	初始励磁电流	0

根据01号直流电机模型给出的参数，计算其他参数，具体计算步骤如下。

①励磁电流 I_f 为

$$I_f = \frac{U_f}{R_f} = \frac{300}{281.3}\ \text{A} = 1.066\ 477\ 1\ \text{A}$$

②在额定转速下，有

$$\omega_r = \frac{n_N \times 2\pi}{60} = \frac{1\ 750 \times 2 \times 3.141\ 6}{60}\ \text{rad/s} = 183.26\ \text{rad/s}$$

$$E = L_{af} \times i_f \times \omega_r = L_{af} \times i_f \times \frac{n_N \times 2\pi}{60} = 0.948\ 3 \times 1.066\ 477\ 1 \times 183.26\ \text{V} = 185.338\ \text{V}$$

③计算 $C_e\Phi_N$。

$$C_e\Phi_N = \frac{E}{n_N} = \frac{185.338}{1\ 750}\ \text{V/(r/min)} = 0.11\ \text{V/(r/min)}$$

④在额定转速下，电枢的电流为

$$i_a = \frac{U_N - E}{R_a} = \frac{240 - 185.338}{2.581}\ \text{A} = 21.18\ \text{A}$$

此电流也是额定电流，即

$$I_N = 21.18\ \text{A}$$

此电机的效率为

$$\eta = \frac{P_N}{U_N I_N} \times 100\% = \frac{3\ 728.5}{240 \times 21.18} \times 100\% = 73.35\%$$

⑤在额定转速下，电磁转矩为

$$T_e = L_{af} i_f i_a = 0.948\ 3 \times 1.066\ 477\ 1 \times 21.18\ \text{N}\cdot\text{m} = 21.42\ \text{N}\cdot\text{m}$$

⑥在额定转速下，负载转矩为

$$\begin{aligned} T_L &= T_e - J\frac{\mathrm{d}\omega_r}{\mathrm{d}t} - B_m\omega_r - T_f \\ &= (21.42 - 0 - 0.002\ 953 \times 183.26 - 0.516\ 1)\ \text{N}\cdot\text{m} \\ &= 20.36\ \text{N}\cdot\text{m} \end{aligned}$$

这个负载转矩也就是额定负载转矩。

根据直流电机的参数，在模型中，与电枢连接的直流电压源幅值设为240 V，与励磁绕组连接的直流电压源的幅值设为300 V。由于输出的速度单位是弧度每秒，转化成每分钟的转数需要乘以系数 $30/\pi = 9.55$，利用一个增益模块Gain来实现。图3-9所示的仿真模型运行后的结果如图3-10所示。

从图3-10中可以看出，直流电机刚开始启动时，电枢电流接近100 A，是该型号电机额定电流的近 5 倍，这对电机来说是难以承受的。所以，直流电机一般不直接启动，而是采用降压启动或串电阻启动方式。降压启动是指电枢电压慢慢升高，从而降低启动电流。串电阻启动是为限制直流电机启动瞬间产生的过大电流，启动时在电枢电路串接电阻，并在启动过程中一级一级地切除电阻。直流电机串电阻启动的原理如图 3-11 所示。

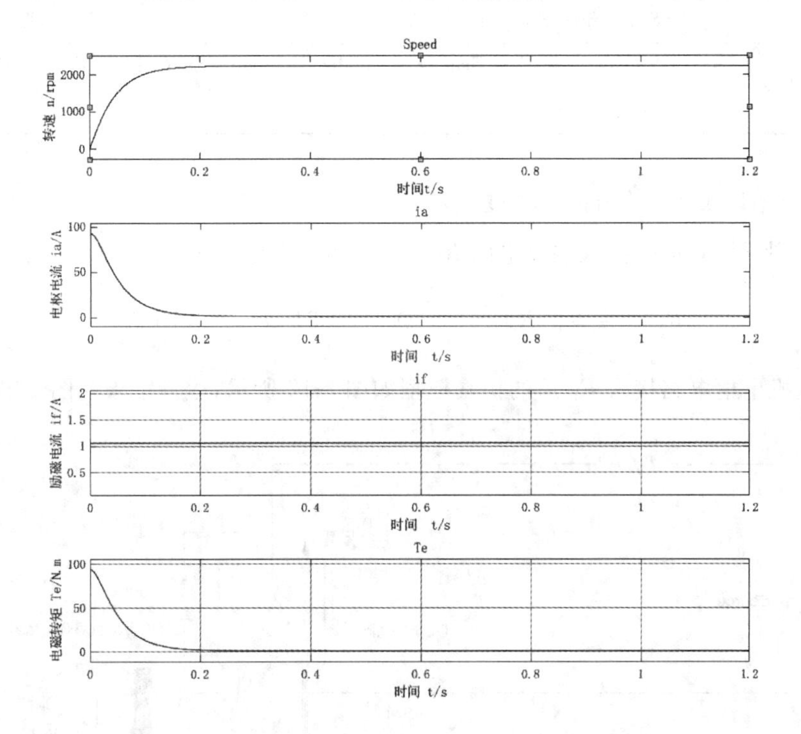

图 3-10　他励直流电机直接启动空载运行仿真模型运行结果

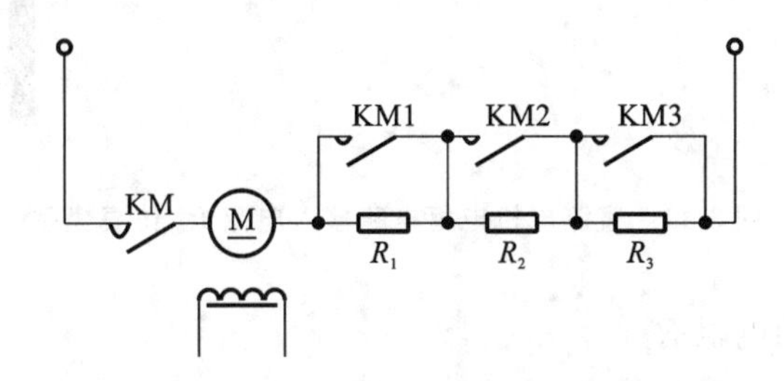

图 3-11　直流电机串电阻启动原理图

下面在图 3-9 所示他励直流电机直接启动空载运行仿真模型的基础上，仍然采用 01 号电机，给电枢电路串联 N 级电阻，其中 N 的值根据电机启动时对电枢电流的要求确定。设电机在启动时电枢电流最大限定在 35 A，在 0.02 s 接入负载转矩 $T_L=20$ N · m，并且在 25 A 时切换开关动作，分级切除部分电阻——先切除 R_1，再切除 R_2……最后切除 R_N。在分级调速建立仿真模型时，需要用到阶跃信号源模块(Step)、断路器模块(Breaker)、RLC 串联支路模块(Series RLC Branch)，它们的提取路径如表 3-3 所示。

表 3-3　模块及其提取路径

模块	提取路径
Series RLC Branch	Simscape → Electrical → Specialized Power Systems → Fundamental Blocks → Elements
Step	Simulink → Sources
Breaker	Simscape → Electrical → Specialized Power Systems → Fundamental Blocks → Elements

R_1，R_2，…，以及 R_N 的阻值计算过程如下。

①计算刚开始启动时接入的总电阻 R_b（$R_b = R_1 + R_2 + \cdots + R_N$）。

$$R_b = \frac{U_N}{I_{max}} - R_a = \frac{240}{35}\ \Omega - 2.581\ \Omega = 4.276\ \Omega$$

直流电机电枢电路接入 R_b 后的仿真模型如图 3-12 所示，运行结果如图 3-13 所示。

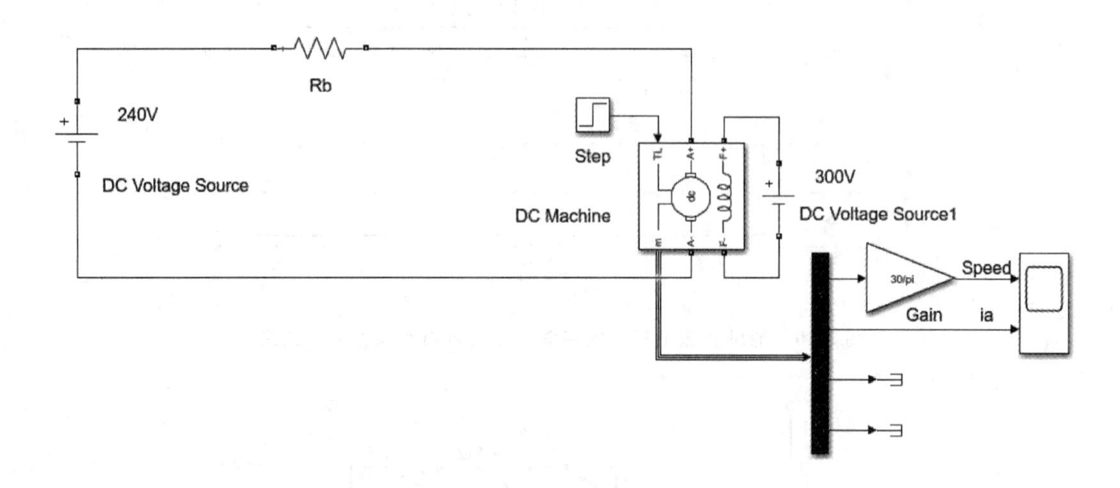

图 3-12　直流电机电枢电路接入电阻 R_b 仿真模型

②计算首先切除的电阻 R_1。

从运行结果可以看到，在 0.14 s 时，电机电枢电流降到 25 A，电机转速上升到 660 r/min。于是，在此时准备切掉电阻 R_1。为了使电枢电流不超过 35 A，电枢电路外接剩余的电阻 R_{b1} 为

$$R_{b1} = \frac{U_N - nC_e\Phi_N}{35} - R_a = \frac{240 - 660 \times 0.11}{35}\ \Omega - R_a = 4.783\ \Omega - 2.581\ \Omega = 2.202\ \Omega$$

$$R_1 = R_b - R_{b1} = 4.276\ \Omega - 2.202\ \Omega = 2.074\ \Omega$$

于是，又可以建立如图 3-14 所示的仿真模型，运行结果如图 3-15 所示。

③计算第二次切除的电阻 R_2。

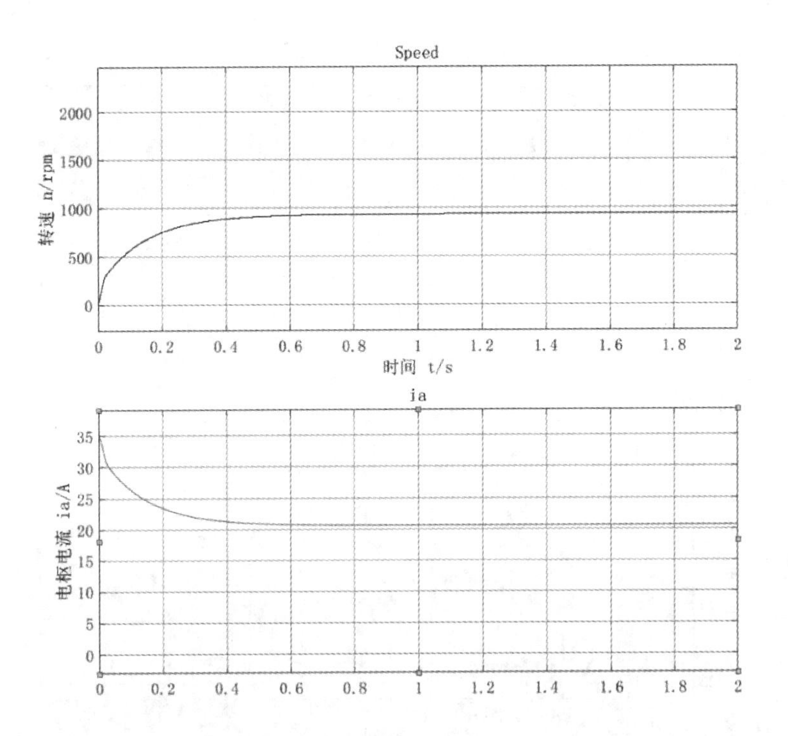

图 3-13　直流电机电枢电路接入电阻 R_b 仿真模型运行结果

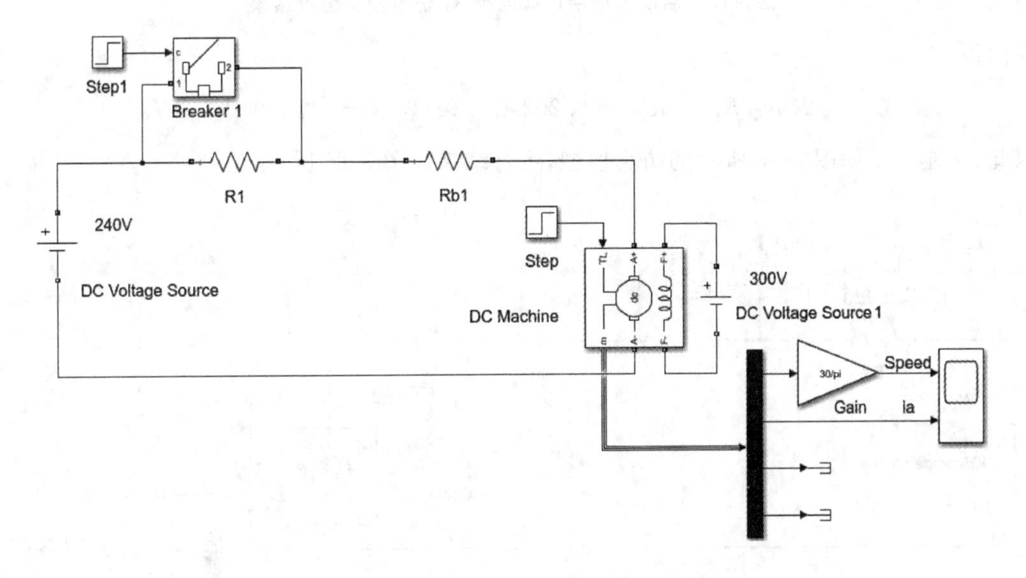

图 3-14　启动过程中切除电阻 R_1 仿真模型

从图 3-15 可以看到，在 0. 27 s 时，电枢电流降到 25 A，转速上升到 1 150 r/min。在此刻又可以切掉一部分电阻，剩余电阻为

$$R_{b2}=\frac{U_N-nC_e\Phi_N}{35}-R_a=\frac{240-1\ 150\times 0.11}{35}\ \Omega-R_a=3.243-2.581\ \Omega=0.662\ \Omega$$

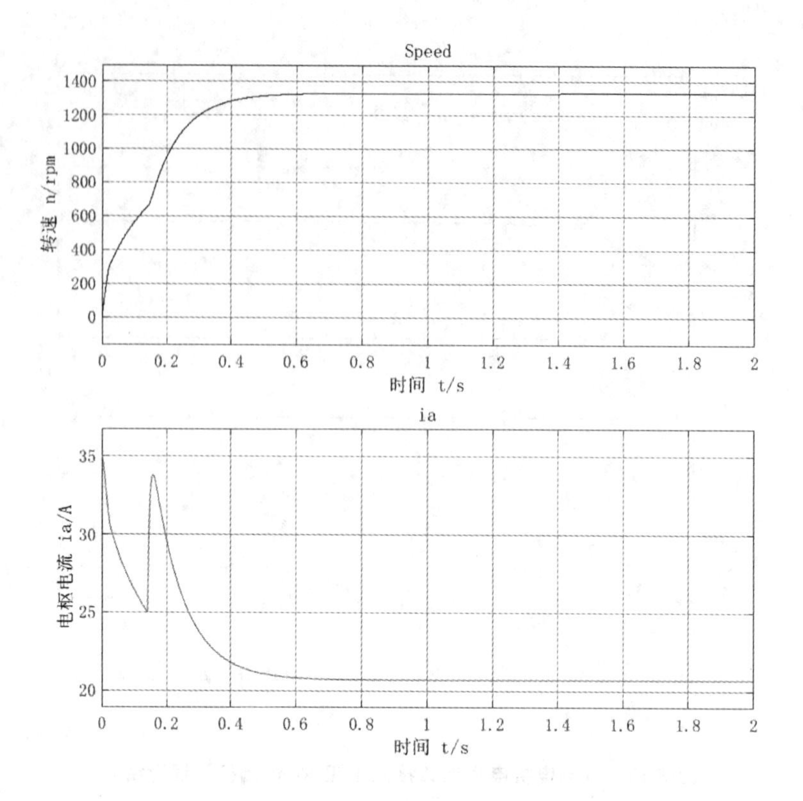

图 3-15 启动过程中切除电阻 R_1 仿真模型运行结果

因而得

$$R_2 = R_{b1} - R_{b2} = 2.202\ \Omega - 0.662\ \Omega = 1.540\ \Omega$$

因此，又建立了如图 3-16 所示的仿真模型，运行结果如图 3-17 所示。

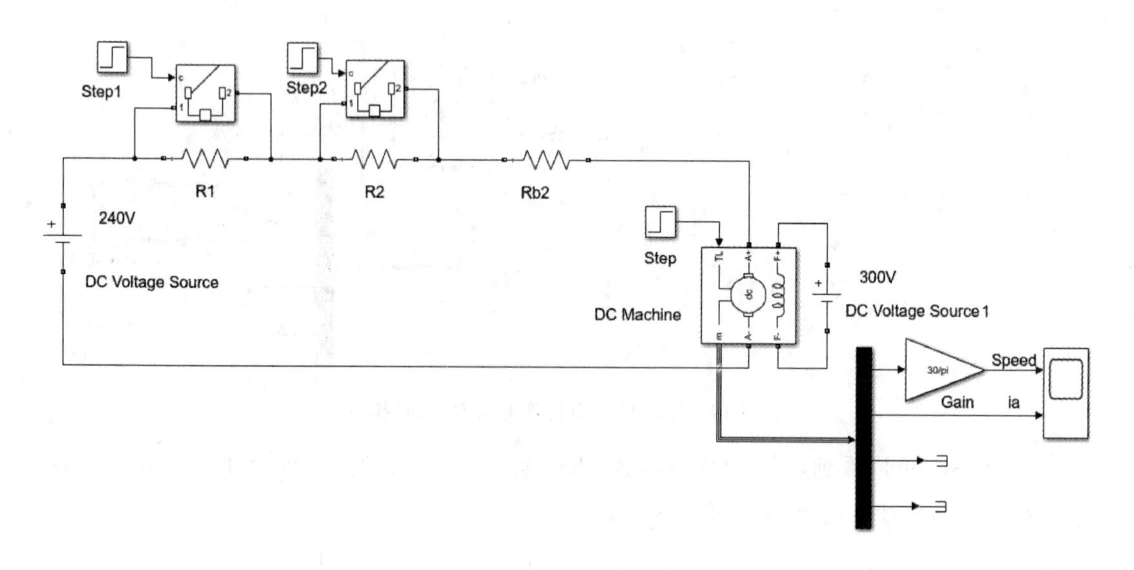

图 3-16 启动过程中分时切除电阻 R_1 和 R_2 仿真模型

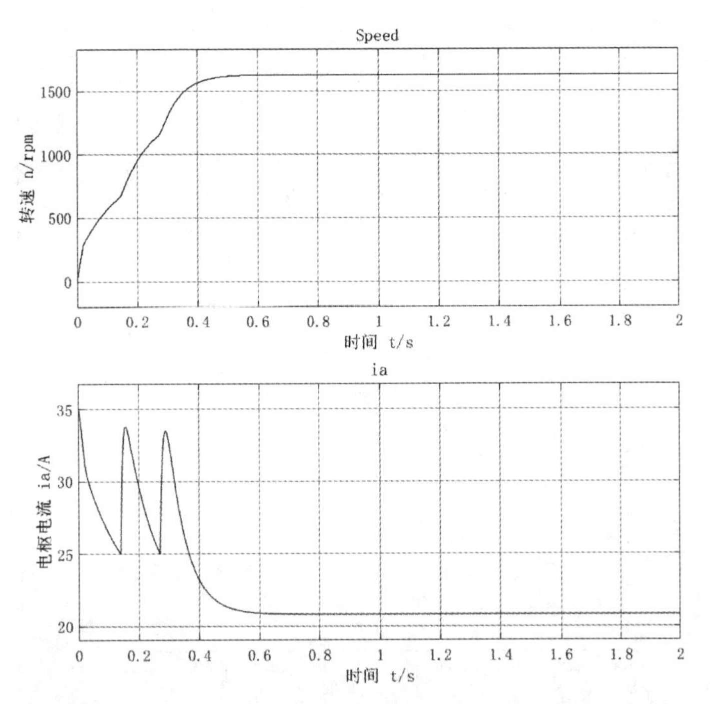

图 3-17 启动过程中分时切除电阻 R_1 和 R_2 仿真模型运行结果

④计算第三次切除的电阻 R_3。

从图 3-17 中可以看出，在 0.37 s 时，电枢电流下降到 25 A，转速上升到 1 520 r/min。如果仍然根据电枢电流允许的最大值切除部分电阻，则剩余电阻为

$$R_{b3}=\frac{U_N-nC_e\Phi_N}{35}-R_a=\frac{240-1\,520\times0.11}{35}\ \Omega-R_a=2.080\ \Omega-2.581\ \Omega<0$$

由于 $R_{b3}<0$，因此此时不需要再切除 R_{b2} 的一部分，直接将 R_{b2} 切除即可，也就是 $R_3=R_{b2}$，仿真模型如图 3-18 所示，运行结果如图 3-19 所示。

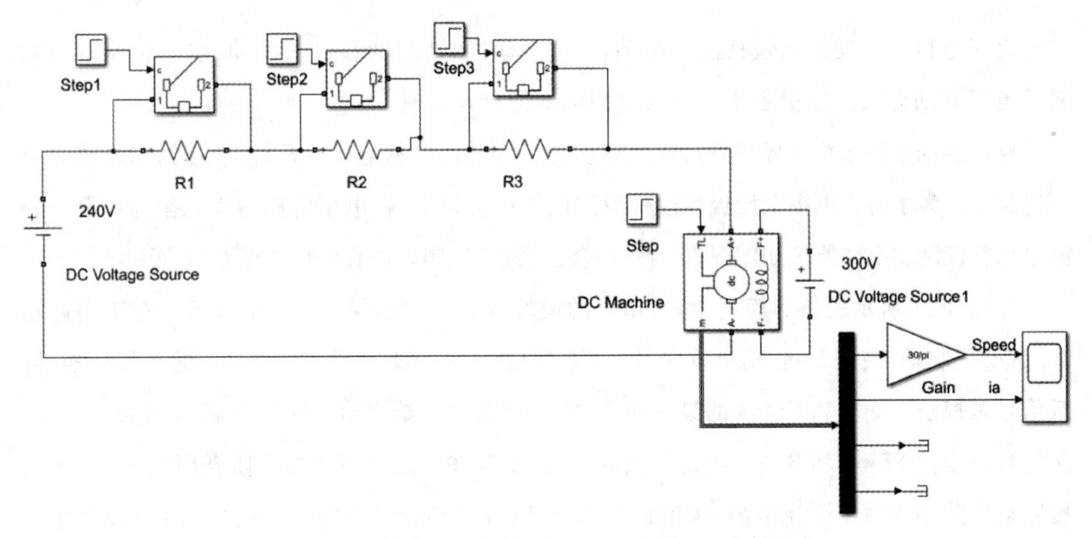

图 3-18 启动过程中分时切除 R_1、R_2 和 R_3 仿真模型

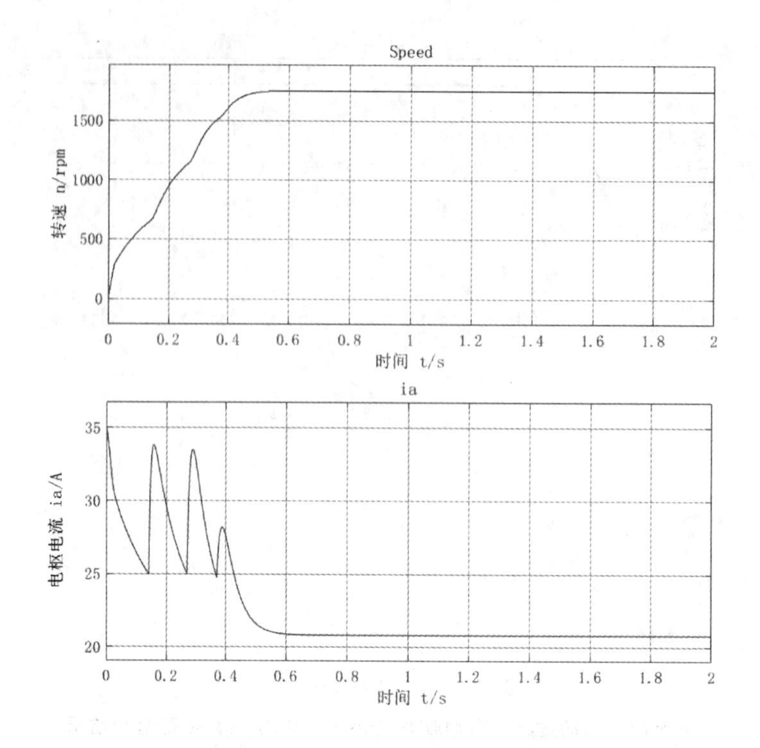

图 3-19 启动过程中分时切除 R_1、R_2 和 R_3 仿真模型运动结果

直流电机串电阻启动有体积大、分段有级启动的特点，随着电力电子技术的发展，降压启动逐渐成为主要应用方式。降压启动方式可以和直流电机的调压调速方式相结合，使用同一套调控单元(如使用三相桥式可控整流电路，整流电路将在 3.3 节进行介绍)。

3.2.4 直流电机的反接制动

直流电机的制动方式包括能耗制动、反接制动、回馈制动和机械制动，前三种制动方式属于电气制动方式。这里主要介绍反接制动的原理及仿真。

反接制动多用于快速停机并反向启动场合。将电机电枢电压的极性改变，这时电机就会快速制动。为了防止电枢电压极性改变瞬间电枢电流过大，在电枢电路中串入限流电阻。直流电机反接制动电路原理如图 3-20 所示，直流电机反接制动仿真模型如图 3-21 所示。

在图 3-21 所示的仿真模型中，新用到的模块及其提取路径如表 3-4 所示。在正向启动 2 s 后反接制动，使用 Step 模块设置时间，使用 Ideal Switch 模块实现 2 s 后的反接切换，阶跃信号源模块 Step1 和 Step3 的设置相同，初始值为“1”，结束值为“0”，阶跃时间为 2 s。阶跃信号源模块 Step2 和 Step4 的设置相同，初始值为“0”，结束值为“1”，阶跃时间为 2 s。反接制动回路中串联了限流电阻，阻值设为 5 Ω。当反接制动后转速下降到 0 时应该停止仿真，因此增加了比较环节 Relational Operator，将转速与 0 比较，转速小于 0 时停止仿真。

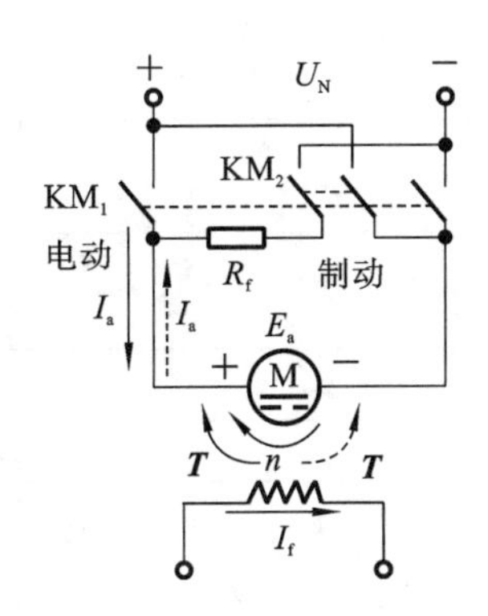

图 3-20 直流电机反接制动电路原理图

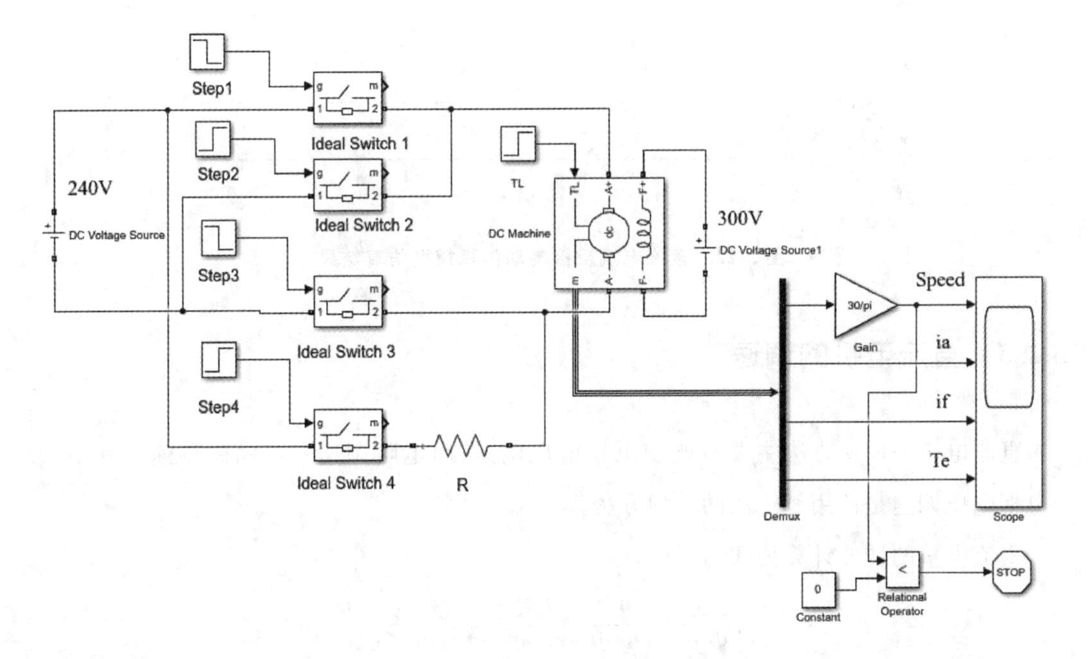

图 3-21 直流电机反接制动仿真模型

表 3-4 反接制动仿真所用模块及其提取路径

模块	提取路径
Ideal Switch	Simscape→Electrical→Specialized Power Systems→Fundamental Blocks→Power Electronics
Stop Simulation	Simulink→Sinks
Relational Operator	Simulink→Logic and Bit Operations

设置模型的仿真解法“Solver”为“ode23”，“Stop time”设置为 3 s，“Relative tolerance”设置为“1e−4”，“Max step size”为“0.001”，仿真结果如图 3-22 所示。

从图 3-22 中可以看到，在 2 s 时启动反接制动，电机转速迅速下降，电枢电流 i_a 反向为负，电磁转矩 T_e 也反向为负。

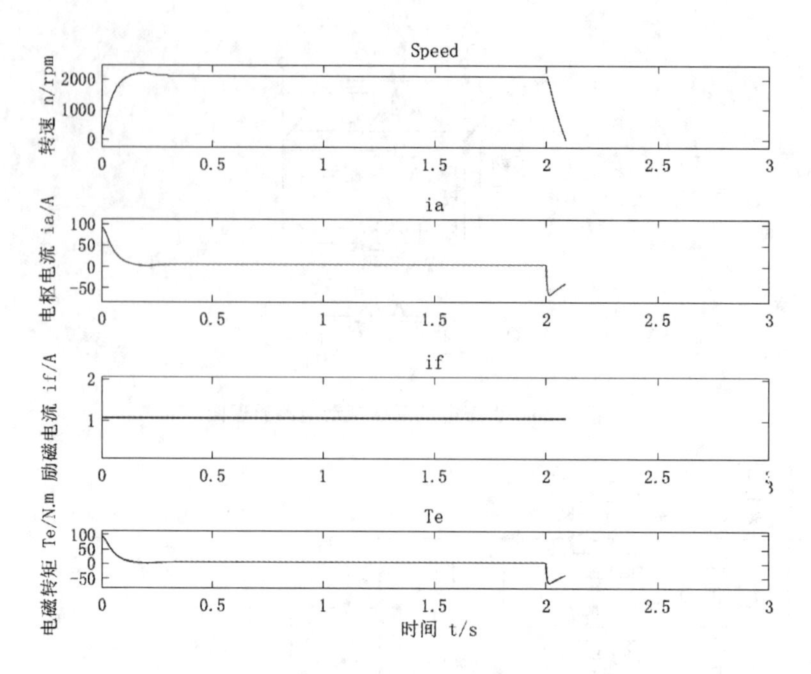

图 3-22　直流电机反接制动仿真模型仿真结果

3.2.5　直流电机的调速

直流电机的调速方法主要有改变电枢电压调速、串电阻调速和变励磁调速。其中，改变电枢电压调速是使用最广泛的一种方法。

直流电机的转速计算公式为

$$n=\frac{U-I_aR_a}{C_e\Phi}=\frac{U}{C_e\Phi}-\frac{I_aR_a}{C_e\Phi}=\frac{U}{C_e\Phi}-\frac{R_a}{C_eC_t\Phi^2}T_e \tag{3-8}$$

式中：

$$T_e=T_L+J\frac{\mathrm{d}\omega_r}{\mathrm{d}t}+B_m\omega_r+T_f$$

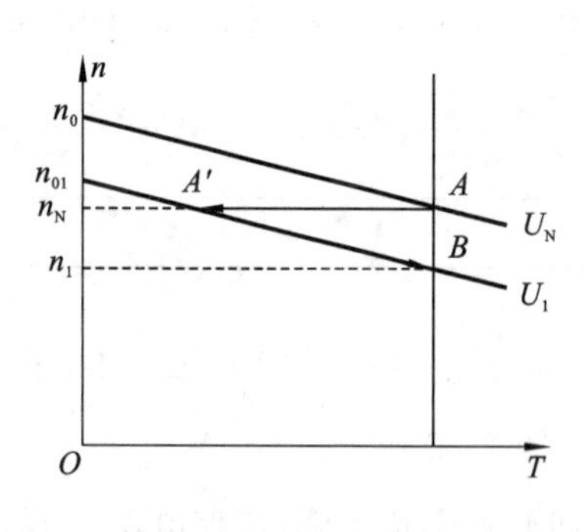

图 3-23　直流电机调压调速机械特性图

当负载转矩不变时，忽略 $J\frac{\mathrm{d}\omega_r}{\mathrm{d}t}+B_m\omega_r+T_f$，可以近似认为 $T_e=T_L$。因此，根据转速公式，当电压 U 不同时，可以得到如图 3-23 所示的机械特性曲线。也就是说，在同一机械负载转矩下，当电压降低时，转速也会降低，工作点从 A 点到 B 点。

下面我们通过一个简单的例子来观察改变电枢电压后转速的变化。仍然采用 01 号电机模型，

励磁采用他励方式。电枢电压开始是 100 V ,2 s 后为 240 V,仿真模型如图 3-24 所示。

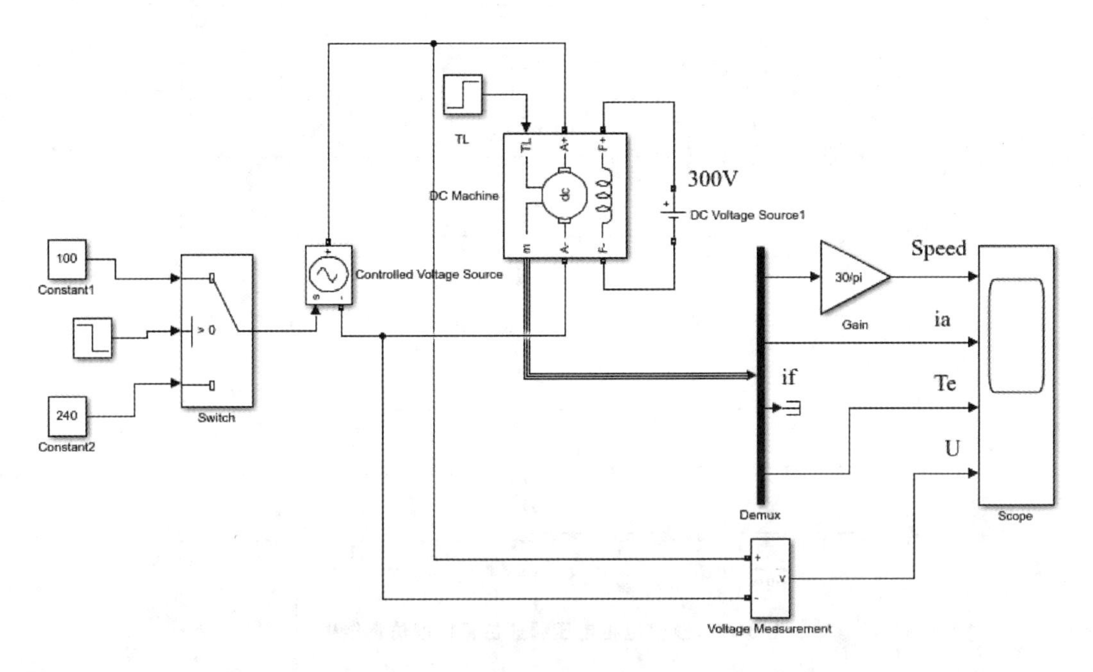

图 3-24　改变电枢电压调速仿真模型

在图 3-24 所示的仿真模型中,新用到了 Switch 模块、Controlled Voltage Source 模块、Voltage Measurement 模块。这些模块的提取路径如表 3-5 所示。

表 3-5　改变电枢电压调速仿真模型所用模块及其提取路径

模块	提取路径
Controlled Voltage Source	Simscape → Electrical → Specialized Power Systems → Fundamental Blocks → Electrical Sources
Voltage Measurement	Simscape → Electrical → Specialized Power Systems → Fundamental Blocks →Measurements
Switch	Simulink→Signal Routing

Switch 开关将两种电压 100 V 和 240 V,送到受控电压源 Controlled Voltage Source 的控制端。刚上电时,Switch 开关满足 $U_2>0$ 的条件,接通 100 V 电压;2 s 后,Switch 开关不满足 $U_2>0$ 的条件,接通 240 V 电压。

设置仿真参数,设置模型的仿真算法"Solver"为"ode23","Stop time"设置为 4 s,"Relative tolerance"设置为"1e－4","Max step size"设置为"0. 1",仿真结果如图 3-25 所示。

从图 3-25 中可以看到,在 2 s 时,电枢电压从 100 V 升高到 240 V,转速随着电枢电压升高而升高,电枢电流升高后缓慢下降,电磁转矩在短暂升高后与 100 V 时基本保持不变。

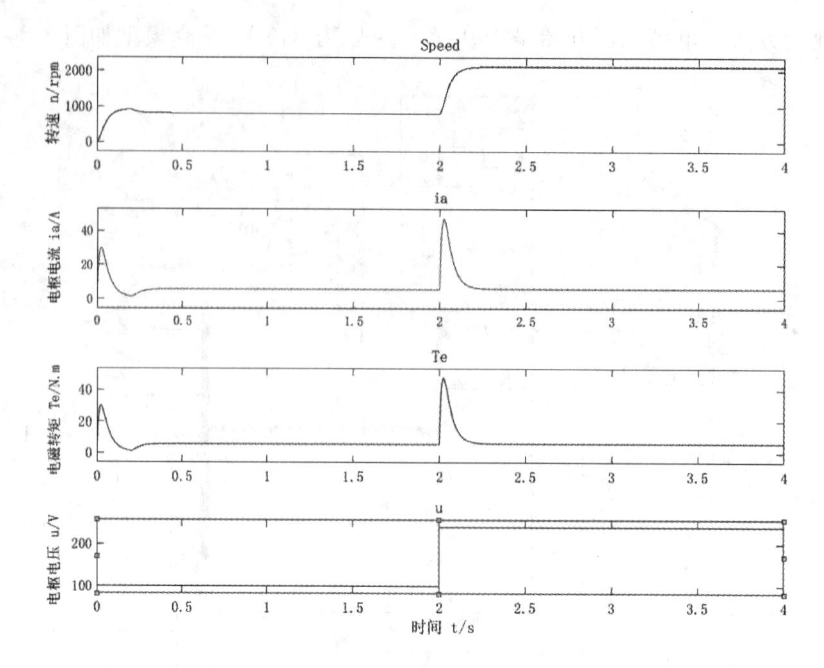

图 3-25　改变电枢电压调速仿真模型仿真结果

通过理论和仿真验证，说明了改变电枢电压可以实现直流电机的调速。直流电机电枢电压的改变，可以根据实际的输入电源，使用晶闸管整流装置实现。

3.3　晶闸管整流电路构成的直流电机调速控制系统仿真

3.3.1　晶闸管整流电路的工作原理

带纯电阻负载的三相桥式全控整流电路如图 3-26 所示。它包括变压器、六个晶闸管和电阻负载。六个晶闸管中，VT_1、VT_3、VT_5 三个晶闸管的阴极连在一起，称为上桥臂；VT_4、VT_2、VT_6 三个晶闸管的阳极接在一起，称为下桥臂。晶闸管符号的下标也是触发脉冲的顺序，触发角从自然换相点算起。六个晶闸管的触发规则是从 VT_1 到 VT_6 依次触发，触发脉冲依次滞后 60°。触发脉冲可以采用宽脉冲和窄脉冲两种形式。当采用宽脉冲时，触发脉冲的宽度要大于 60°（一般为 80°～100°）。当采用窄脉冲时，一般采用双窄脉冲，即触发一个晶闸管时，向小一个序号的晶闸管补发一个脉冲。下面以 $\alpha=30°$为例来说明三相桥式全控整流电路的工作原理。

工作过程从触发角开始即 $\omega t=60°$开始，每隔 60°为一个阶段，第一个周期（$\omega t=60°\sim420°$）同样分成六个阶段，如图 3-27 所示。

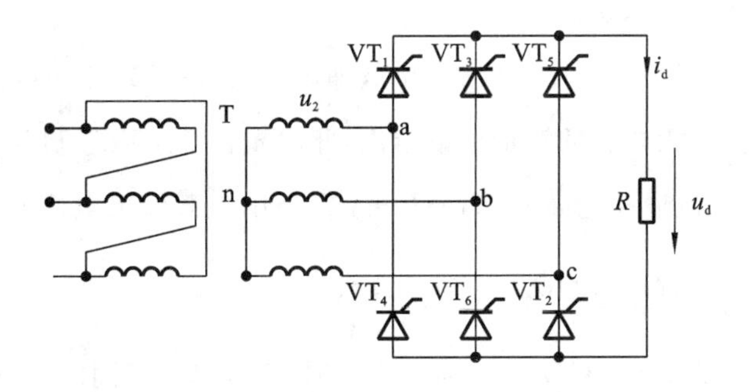

图 3-26　带纯电阻负载的三相桥式全控整流电路

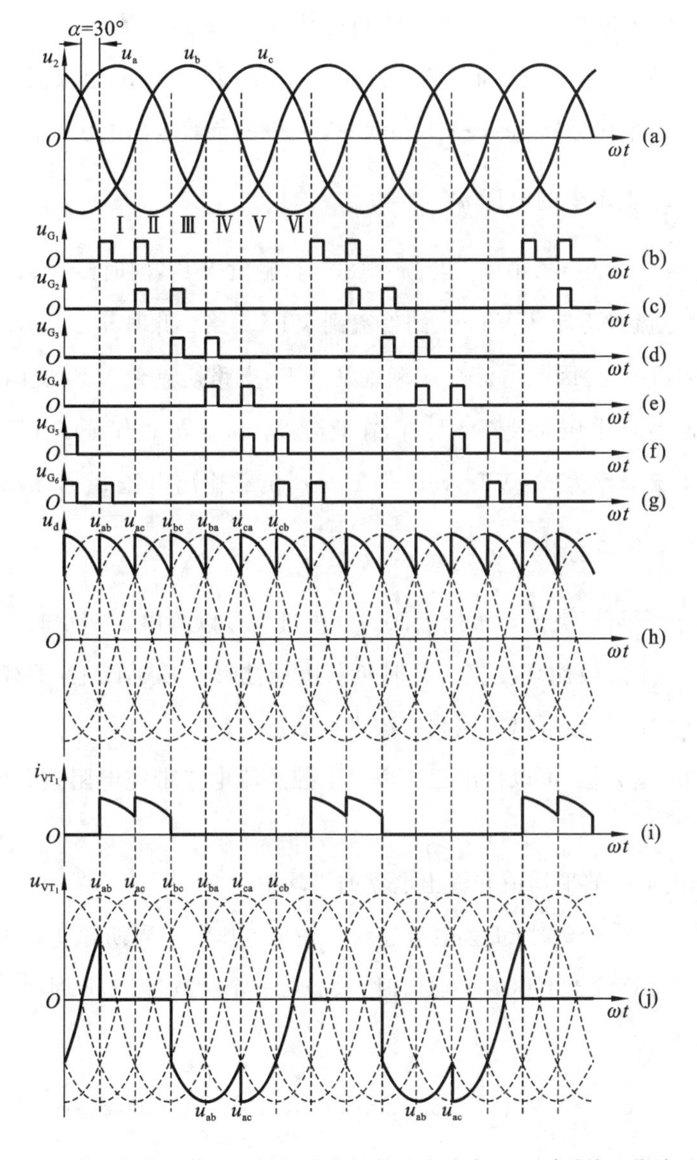

图 3-27　带纯电阻负载的三相桥式全控整流电路在 $\alpha=30^{\circ}$ 时的工作波形图

前三个阶段的工作过程如下。

(1) 阶段Ⅰ($\omega t=60°\sim120°$)。当 $\omega t=60°$,即触发角 $\alpha=30°$时,触发 VT_1,同时给 VT_6 补发一个触发脉冲。从相电压的波形可以看出,此时 $u_a>u_b$,VT_1 和 VT_6 因承受正向电压而导通。在该阶段,电流通路为 a→VT_1→R→VT_6→b,负载输出电压 $u_d=u_{ab}$,负载电流 $i_d=\frac{u_{ab}}{R}$,晶闸管 VT_1 上承受的电压 $u_{VT_1}=0$。

(2) 阶段Ⅱ($\omega t=120°\sim180°$)。当 $\omega t=120°$时,触发 VT_2,同时给 VT_1 补一个触发脉冲。此时关键看电流能不能从 VT_6 支路换流到 VT_2 支路。此时 $u_c<u_b$,即 VT_2 的阴极电位小于 VT_6 的阴极电位,因此电流会顺利地从 VT_6 支路换流到 VT_2 支路。之后由于 VT_2 导通,VT_6 因承受反向电压而关断。另外,在此阶段,$u_a>u_c$ 也保证了 VT_1 和 VT_2 可靠导通。在该阶段,电流通路为 a→VT_1→R→VT_2→c,负载输出电压 $u_d=u_{ac}$,负载电流 $i_d=\frac{u_{ac}}{R}$,晶闸管 VT_1 上承受的电压 $u_{VT_1}=0$。

(3) 阶段Ⅲ($\omega t=180°\sim240°$)。当 $\omega t=180°$时,触发 VT_3,同时给 VT_2 补发一个触发脉冲。此时关键看电流能不能从 VT_1 支路换流到 VT_3 支路。此时 $u_b>u_a$,即 VT_3 的阳极电位大于 VT_1 的阳极电位,因此电流会顺利地从 VT_1 支路换流到 VT_3 支路,之后由于 VT_3 导通,VT_1 因承受反向电压而关断。另外,在此阶段,$u_b>u_c$ 也保证了 VT_3 和 VT_2 可靠导通。在该阶段,电流通路为 b→VT_3→R→VT_2→c,负载输出电压 $u_d=u_{bc}$,负载电流 $i_d=\frac{u_{bc}}{R}$,晶闸管 VT_1 上承受的电压 $u_{VT_1}=u_{ab}$。

后面的三个阶段可以类推。根据上面的分析过程可以画出 $\alpha=30°$时电路的工作波形。工作波形也按照六个阶段循环往复。此时负载电压波形在横轴以上,负载电流是连续的。当触发角为其他角度时,也可以按照此方法进行分析。

根据以上的原理分析,可以得出三相桥式全控整流电路带纯电阻负载时整流输出的数量关系。

(1) 负载输出电压的平均值和输出电流的平均值。

在触发角为 $\alpha=0°\sim60°$时,负载电流连续。输出电压每个周期脉动 6 次,每次脉动的波形都相同,因此在计算输出电压的平均值时,只需对一个脉波(即 1/6 周期)进行计算。负载输出电压的平均值为

$$U_d=\frac{1}{\frac{\pi}{3}}\int_{\frac{\pi}{3}+\alpha}^{\frac{2}{3}\pi+\alpha}\sqrt{6}U_2\sin(\omega t)\mathrm{d}(\omega t)=2.34U_2\cos\alpha \tag{3-9}$$

在触发角为 $\alpha=60°\sim120°$时,负载输出电压的平均值为

$$U_{\mathrm{d}}=\frac{1}{\frac{\pi}{3}}\int_{\frac{\pi}{3}+\alpha}^{\pi}\sqrt{6}U_2\sin(\omega t)\mathrm{d}(\omega t)=2.34U_2\left[1+\cos\left(\frac{\pi}{3}+\alpha\right)\right] \tag{3-10}$$

负载输出电流的平均值为

$$I_{\mathrm{d}}=\frac{U_{\mathrm{d}}}{R} \tag{3-11}$$

（2）晶闸管承受的最大正反向电压。

晶闸管承受的最大正反向电压为线电压的峰值，即 $U_{\mathrm{M}}=\sqrt{6}U_2$。

（3）触发角 α 和导通角 θ 的范围。

触发角 α 的范围是 0°～120°。当触发角 α=0°～60°时，每个晶闸管的导通角为 120°；当触发角 α=60°～120°时，每个晶闸管的导通角为(120°−α)×2。

下面通过仿真模型进一步分析三相桥式全控整流电路的输出波形与触发角的关系。三相桥式全控整流电路仿真模型如图 3-28 所示。三相桥式全控整流电路仿真模型所用模块及其提取路径如表 3-6 所示。

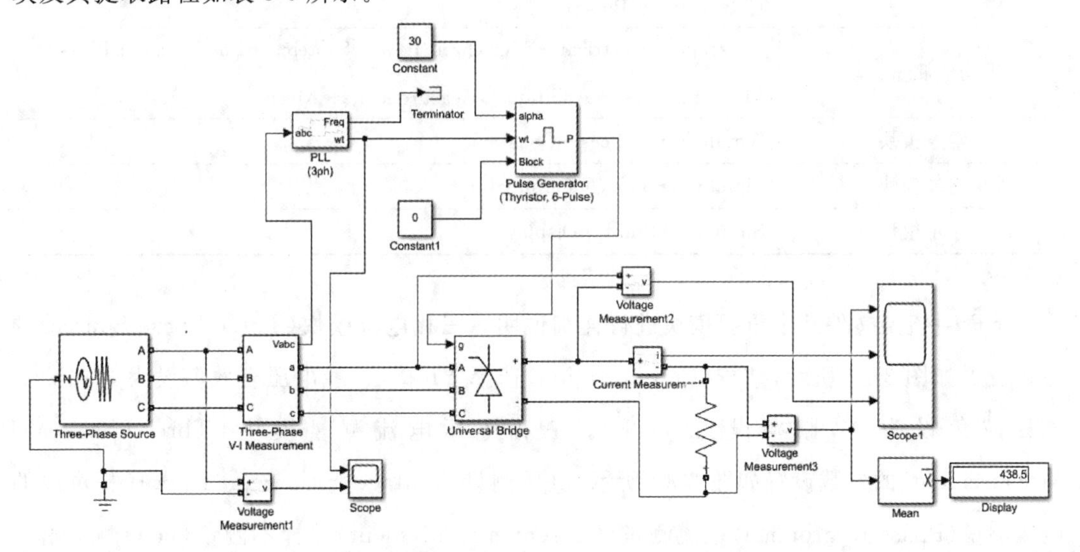

图 3-28 三相桥式全控整流电路仿真模型

表 3-6 三相桥式全控整流电路仿真模型所用模块及其提取路径

模块名	提取路径
三相电源模块	Simscape→Electrical→Specialized Power Systems→Fundamental Blocks→Electrical Sources→Three-Phase Source
三相电压电流测量模块	Simscape→Electrical→Specialized Power Systems→Fundamental Blocks→Measurements →Three-Phase V-I Measurement
通用桥模块	Simscape→Electrical→Specialized Power Systems→Fundamental Blocks→Power Electronics→Universal Bridge

续表

模块名	提取路径
RLC 串联支路模块	Simscape→Electrical→Specialized Power Systems→Fundamental Blocks→Elements→Series RLC Branch
电流测量模块	Simscape→Electrical→Specialized Power Systems→Fundamental Blocks→Measurements→Current Measurement
电压测量模块	Simscape→Electrical→Specialized Power Systems→Fundamental Blocks→Measurements →Voltage Measurement
示波器模块	Simulink→Sinks→Scope
三相锁相模块	Simscape → Electrical → Specialized Power Systems → Control & Measurements→PLL→PLL(3ph)
脉冲发生器(晶闸管,6 脉波)模块	Simscape→Electrical→Specialized Power Systems→Fundamental Blocks→Power Electronics → Pulse & Signal Generators → Pulse Generator (Thyristor,6-Pulse)
平均值测量模块	Simscape→Electrical→Specialized Power Systems→Fundamental Blocks→Measurements →Additional Measurements→Mean
常量模块	Simulink→Sources→Constant
终端模块	Simulink→Sinks→Terminator
显示模块	Simulink→Sinks→Display

下面对模型文件几个重要模块进行详细说明。三相电源模块(Three-Phase Source)的参数设置如图 3-29 所示,结构(Configuration)选择 Yn 接法,线电压有效值设为 380 V,A 相相位角设为 0°,频率设为 50 Hz。三相电压电流测量模块(Three-Phase V-I Measurement)的参数设置如图 3-30 所示,电压测量(Voltage measurement)选择相对地的电压测量(Phase-to-ground),电流测量(Current measurement)选择不测量(no),测量出三相电压的结果并输入三相锁相模块(PLL)。三相锁相模块的参数设置如图 3-31 所示,wt 端输出的是相电压 u_a 的用弧度表示的瞬时相位角,即 ωt 的值的变化范围是 0～6.28 rad。图 3-32 给出了相电压 u_a 的波形和 ωt 的波形的对比关系。脉冲发生器(晶闸管,6 脉冲)模块的参数设置如图 3-33 所示,采用宽脉冲触发,脉冲宽度为 70°,脉冲发生器(晶闸管,6 脉冲)模块有三个输入端:alpha,用于输入触发角,单位是度;wt,接三相锁相模块的输出;block,当输入为 0 时允许该模块脉冲输出,当输入为 1 时不允许该模块脉冲输出,相当于是使能端。负载采用 RLC 串联支路模块,根据需要设为纯电阻负载或阻感负载。

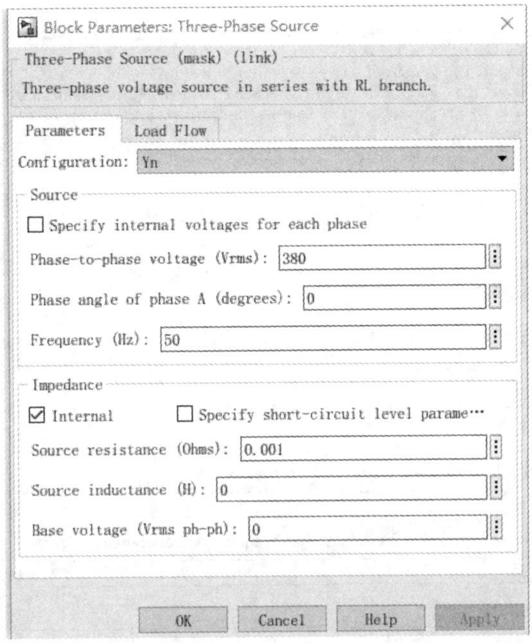

Block Parameters: Three-Phase Source
Three-Phase Source (mask) (link)
Three-phase voltage source in series with RL branch.
Parameters
Load Flow
Configuration:
Yn
Source
Specify internal voltages for each phase
Phase-to-phase voltage (Vrms):
380
Phase angle of phase A (degrees):
0
Frequency (Hz):
50
Impedance
Internal
Specify short-circuit level parame…
Source resistance (Ohms):
0.001
Source inductance (H):
0
Base voltage (Vrms ph-ph):
0
OK
Cancel
Help
Apply

图 3-29　三相电源模块参数设置对话框

Block Parameters: Three-Phase V-I Measurement
Three-Phase VI Measurement (mask) (link)
Ideal three-phase voltage and current measurements.
The block can output the voltages and currents in per unit values or in volts and amperes.
Parameters
Voltage measurement
phase-to-ground
Use a label
Voltages in pu, based on peak value of nominal phase-to-ground vol…
Current measurement
no
Output signals in:
Complex
OK
Cancel
Help
Apply

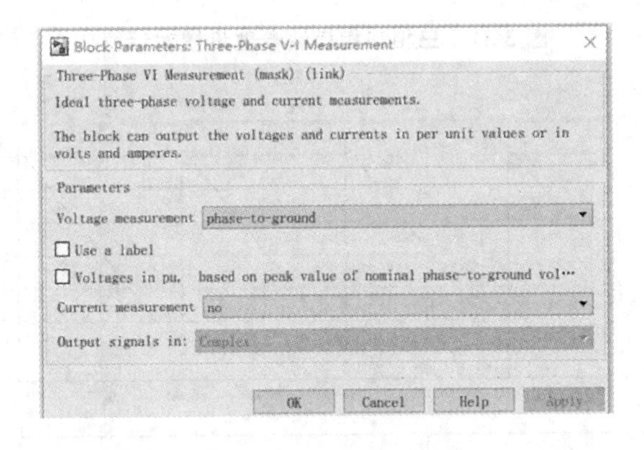

图 3-30　三相电压电流测量模块参数设置对话框

设置仿真参数，选择 ode45 仿真算法，相对误差设为“1e－3”，仿真开始时间设为 0，停止时间设为 1 s。示波器 3 个窗口分别显示负载输出电压(u_d)的波形，负载输出电流的波形 i_d 和晶闸管两端的电压波形 u_{VT_1} 。

(1) 纯电阻负载。触发角选择 $\alpha=30°$，电阻设为 10 Ω，电路输出的波形如图 3-34 所示。

(2) 阻感负载。触发角选择 $\alpha=60°$，电阻设为 10 Ω，电感设为 1 mH，电路输出的波形如图 3-35 所示。

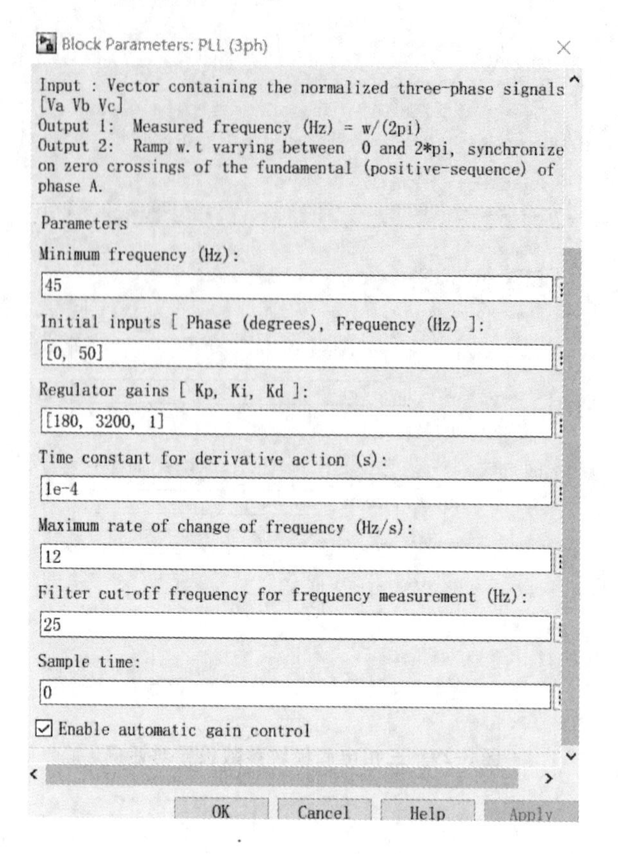

图 3-31　三相锁相模块参数设置对话框

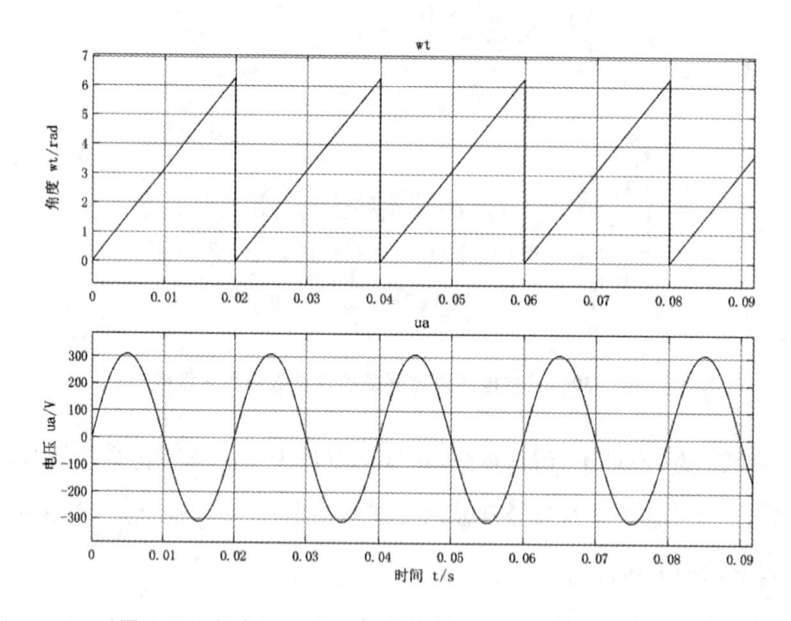

图 3-32　相电压 u_a 与三相锁相模块输出 ωt 的对比关系

在充分理解全控整流电路的原理和仿真后，就可以利用全控整流电路对直流电机进行调速控制了。

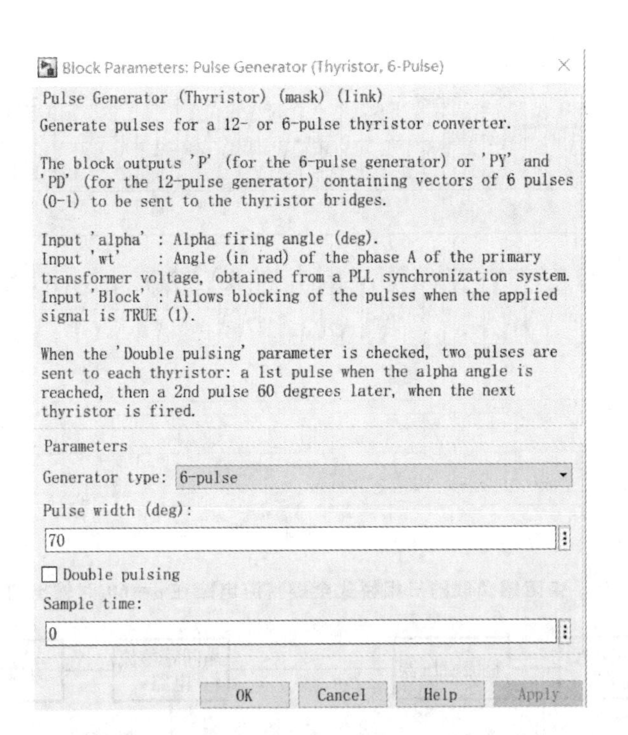

图 3-33　脉冲发生器(晶闸管,6 脉冲)模块参数设置对话框

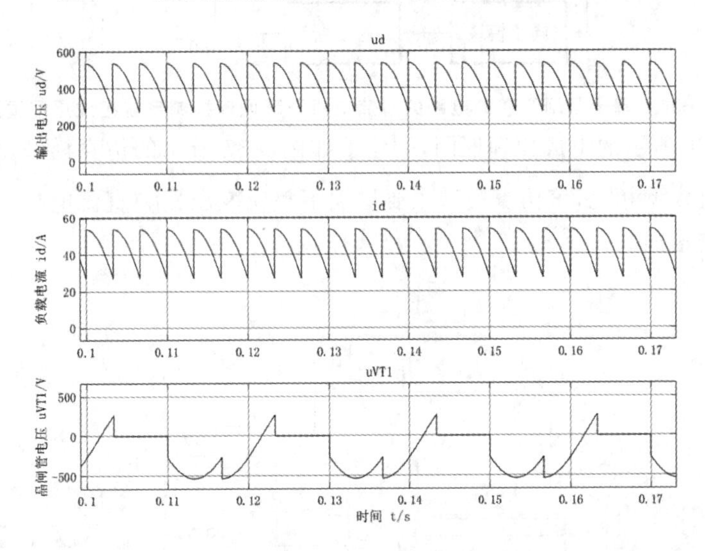

图 3-34　带纯电阻负载的三相桥式全控整流电路在 $\alpha=30^{\circ}$ 时输出的波形

3.3.2　基于晶闸管整流电路的直流电机开环调速控制系统

基于晶闸管整流电路的直流电机开环调速控制系统是最基本的直流电机调速控制系统之一,它主要由三相交流电源、整流变压器、晶闸管整流电路、直流电机等组成,组成原理框图如图 3-36 所示。

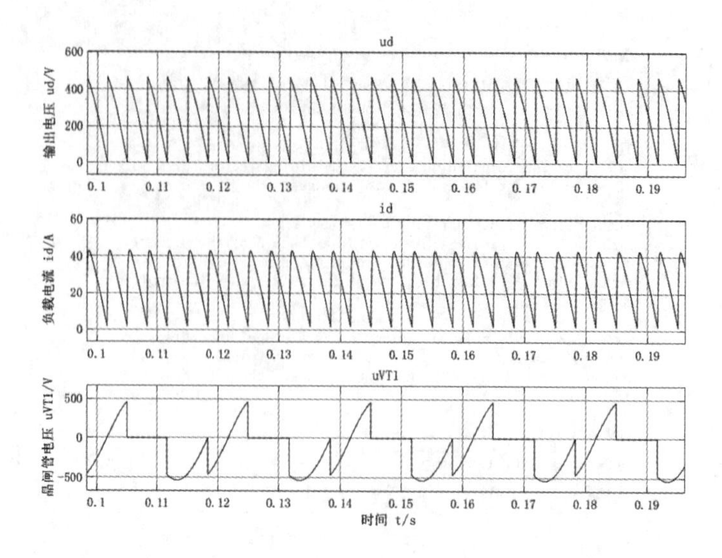

图 3-35　带阻感负载的三相桥式全控整流电路在 $\alpha=60^{\circ}$ 时输出的波形

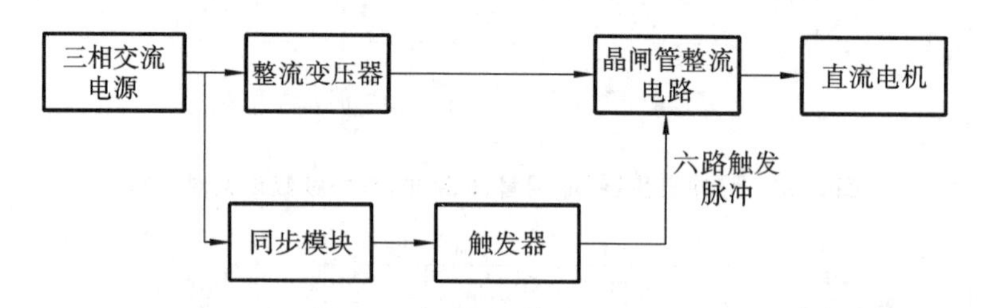

图 3-36　基于晶闸管整流电路的直流电机开环调速控制系统组成原理框图

根据图 3-36 所示的组成原理框图，构建了如图 3-37 所示的仿真模型。与三相桥式全控整流电路仿真模型相比，该仿真模型主要增加了整流变压器和直流电机。下面对各模块的参数设置进行说明。

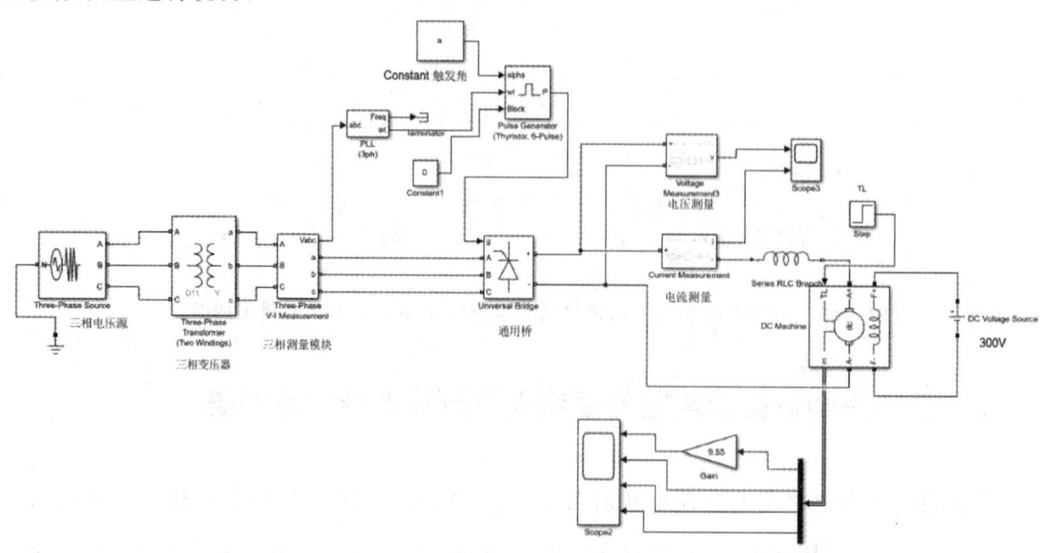

图 3-37　基于晶闸管整流电路的直流电机开环调速控制系统仿真模型

(1) 三相电源模块(Three-Phase Source)。

三相电压要跟电网电压一致,因此参数配置类型选择“Yn”接法,线电压有效值设为 380 V,频率设为 50 Hz,A 相相位角设为 0°,其他值默认。

(2) 三相变压器模块(Three-Phase Transformer(Two Windings))。

三相变压器原边选择三角形接法,副边选择 Y 形接法。变压器原边线电压与电源线电压有效值一致,为 380 V。整流之后的电压加到直流电机的电枢两端,因此变压器副边电压要根据直流电机的电枢电压额定值和设计的整流桥最小触发角确定。设控制时整流电路的最小触发角为 30°。本仿真模型还是选择 01 号电机模型,该模型的电枢电压额定值为 240 V,若忽略整流桥的压降,则有变压器二次侧相电压有效值为

$$U_2 = \frac{U_N}{2.34\cos\alpha} = \frac{240}{2.34 \times \cos 30^\circ}\ \text{V} = 118.4\ \text{V}$$

变压器二次侧线电压有效值为$\sqrt{3}U_2$。

三相变压器模块的参数设置如图 3-38 所示。

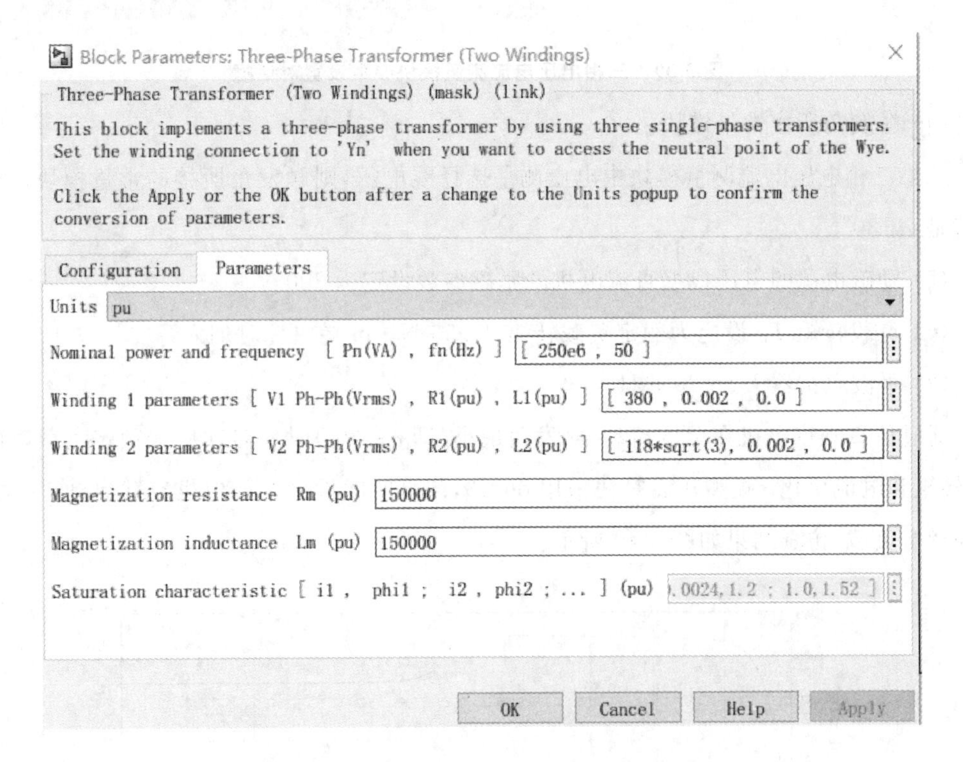

图 3-38　三相变压器模块的参数设置对话框

(3) 三相电压电流测量模块(Three-Phase V-I Measurement)。

三相电压电流测量模块用于测量三相电压,参数设置如图 3-39 所示,电压测量(Voltage measurement)选择线电压(phase-to-phase)。

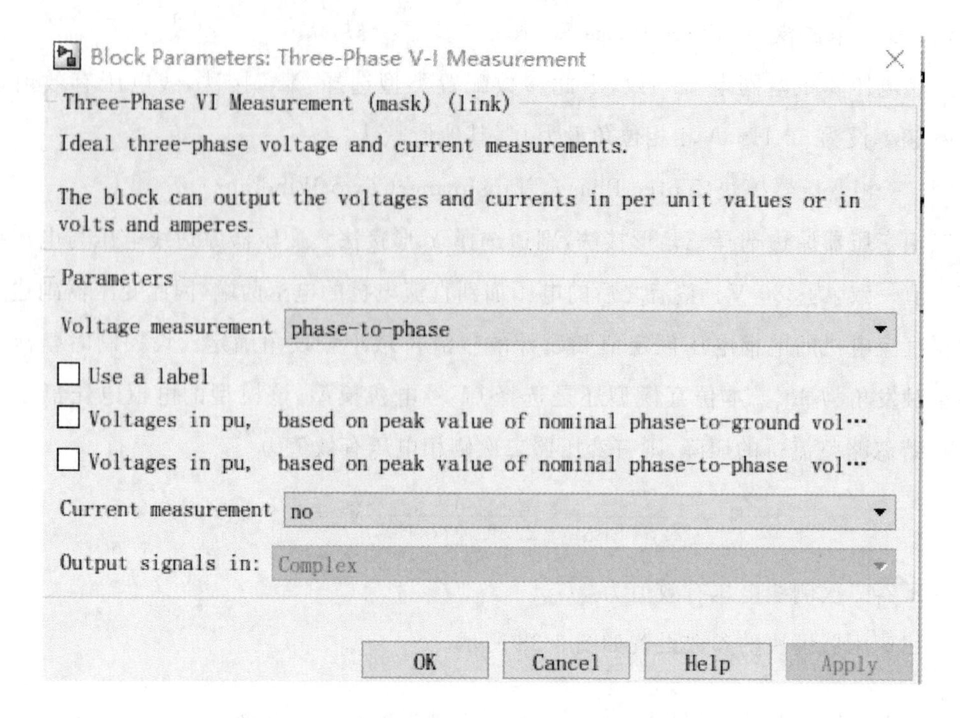

图 3-39　三相电压电流测量模块参数设置对话框

（4）触发角所接常量模块。

如果三相电压电流测量模块中电压测量选择线电压，则触发角所接的常量模块的设置值就是 $\alpha+30°$。

（5）励磁电源的电压根据直流电机的励磁参数设定为 300 V。

（6）负载转矩 T_L 设定为额定负载转矩 20.36 N·m，在 1 s 时加入。

（7）平波电抗器 $L_d=20$ mH。

通过仿真观察电机在全压启动（触发角最小，即 $\alpha=30°$）时和启动后加额定负载时的转速、转矩和电流变化。模型仿真算法采用 ode23，仿真时间设为 2 s，电机空载启动，启动 1 s 后加额定负载，仿真结果如图 3-40 所示。

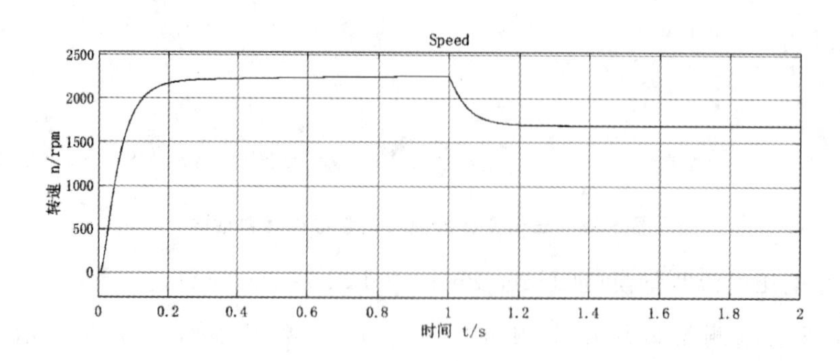

图 3-40　基于晶闸管整流电路的直流电机开环调速控制系统仿真波形图

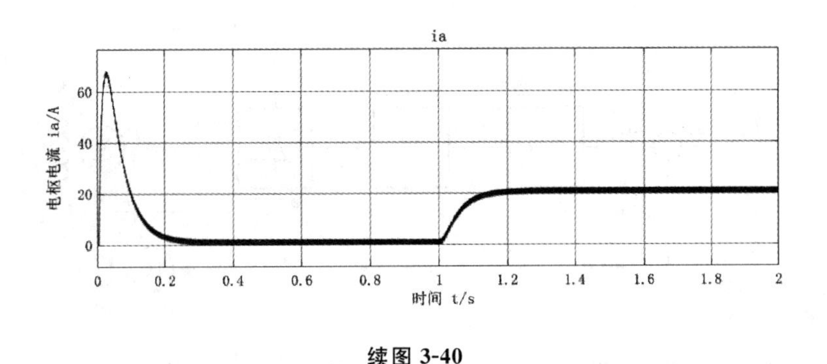

续图 3-40

随着触发角的增大，整流输出电压以及电机电枢两端的电压会减小。图 3-41 所示是在额定负载转矩下触发角分别为 30°、45°、60°、75°的转速图。

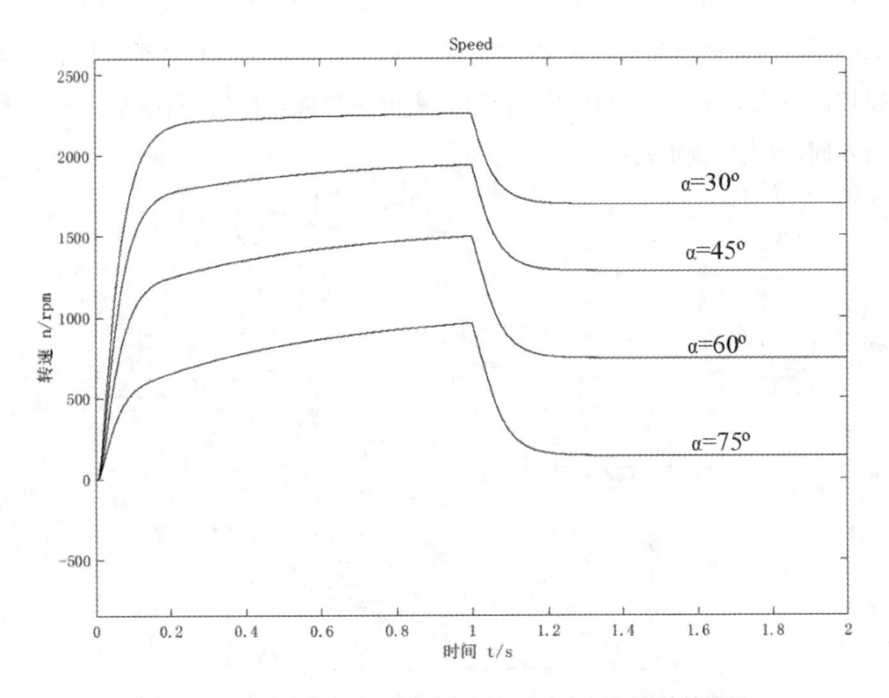

图 3-41　直流电机开环调速控制系统触发角不同时的转速图

3.3.3　基于晶闸管整流电路的直流电机闭环调速控制系统

基于晶闸管整流电路的直流电机开环调速控制系统在负载波动时，难以保持转速的稳定。为了减小负载变化时对直流电机转速的影响，通常采用基于晶闸管整流电路的直流电机闭环调速控制系统。基于晶闸管整流电路的直流电机闭环调速控制系统的组成原理框图如图 3-42 所示。

基于晶闸管整流电路的直流电机闭环调速控制系统由三相交流电源、整流器、直流电

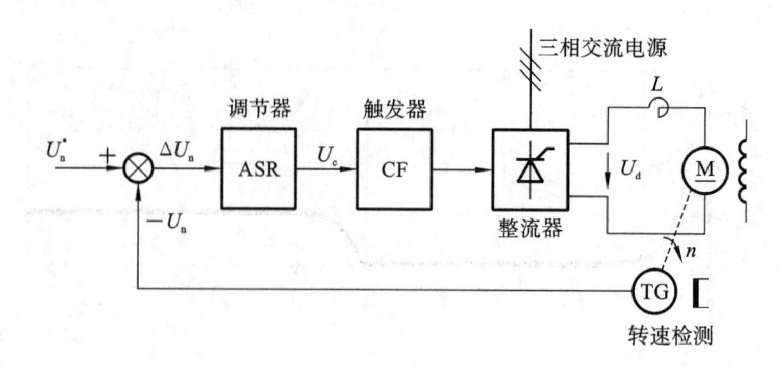

图 3-42 基于晶闸管整流电路的直流电机闭环调速控制系统的组成原理框图

机、转速检测单元、转速给定单元(给定转速转换成电压 U_n^*)、转速调节器(ASR)、触发器等组成。根据图 3-42 所示的组成原理框图搭建了采用比例控制器的基于晶闸管整流电路的直流电机闭环调速控制系统仿真模型,如图 3-43 所示。与基于晶闸管整流电路的直流电机开环调速控制系统仿真模型(见图 3-37)相比,主电路相同,只是控制电路中关于触发角的控制有所不同(虚线框所示)。

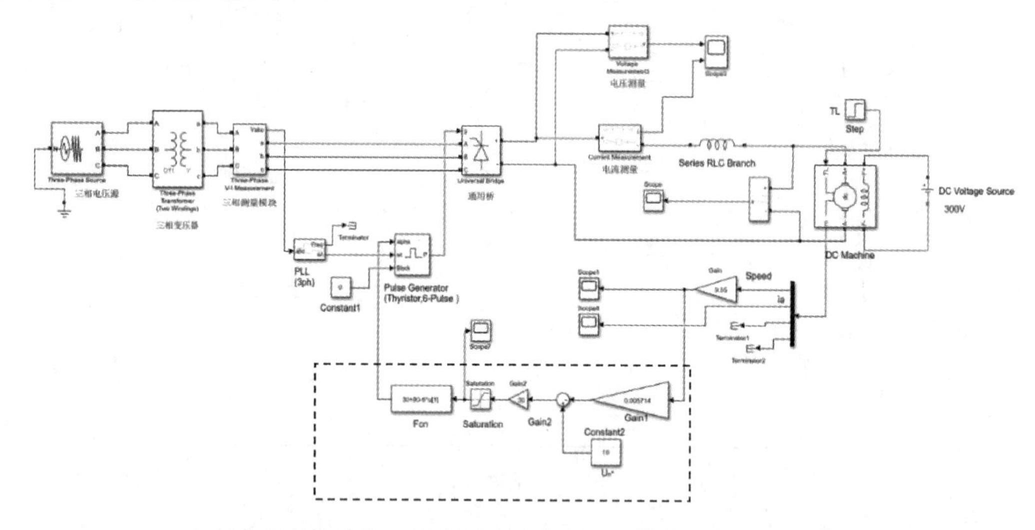

图 3-43 采用比例控制器的基于晶闸管整流电路的直流电机闭环调速控制系统仿真模型

下面对虚线框中的模块进行说明。转速反馈系数由放大模块 Gain1 来设定,为 0.005 714(因为额定转速转化为给定值为 10,额定转速为 1 750 r/min,所以 10 : 1 750=0.005 714)。比例环节系数 P 由放大模块 Gain2 设定,为 $P=30$。限幅模块 Saturation 的参数设定为“±10”。对于函数模块 Fcn,根据触发角 $\alpha = 90^\circ - \frac{90^\circ - \alpha_{\min}}{U_{\max}} U_c$ 设定,即函数模块 Fcn 的输入是电压信号,输出是控制角。函数模块 Fcn 的特性曲线如图 3-44 所示。当 $\alpha_{\min} = 30^\circ$、$U_{\max} = 10$ V 时,$\alpha = 90^\circ - 6 \times U_c$,又由于三相电压电流测量模块测量的是线电压并送入三相锁相模块(PLL),因此还需再加上 30°,函数模块 Fcn 的参数设为“30+90−6 * u[1]”。

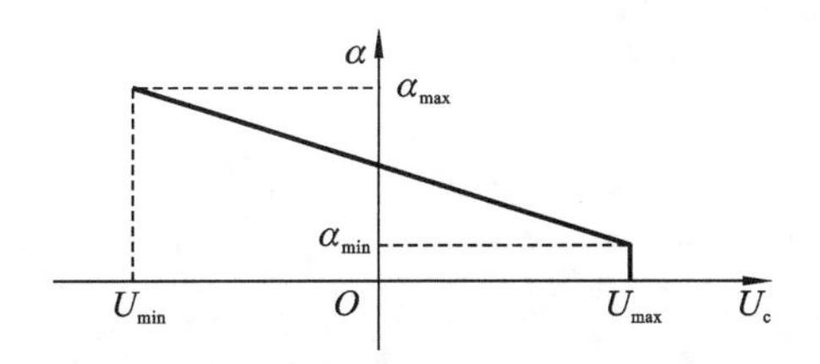

图 3-44 函数模块 Fcn 的特性曲线

利用图 3-43 所示的仿真模型进行仿真，在 4.5 s 时加额定负载转矩 20.36 N·m。电机的转速如图 3-45 所示，电机电枢电流如图 3-46 所示。加额定负载转矩后，转速稳定在 1 692 r/min，与目标转速 1 750 r/min 有偏差，因此该系统属于有静差调速控制系统。改变 U_n^* 的值，可以调节电机稳定运行的转速。例如，设为 10 V，目标转速为 1 750 r/min；设为 7.5 V，目标转速为 1 312.5 r/min；设为 5 V，目标转速为 875 r/min；设为 2.5 V，目标转速为 437.5 r/min。调整 U_n^* 的值时直流电机的转速如图 3-47 所示。

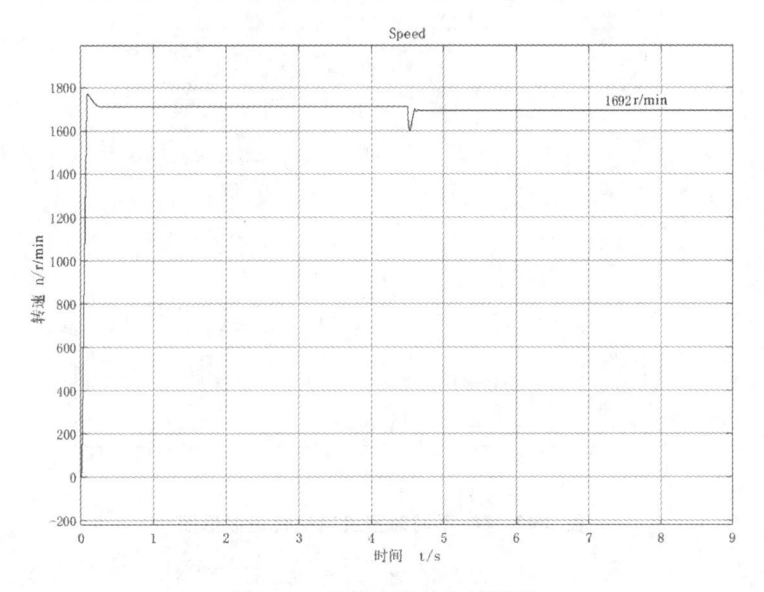

图 3-45 直流电机转速波形图

由于该系统采用比例控制，因此该系统的转速输出有静差。可以采用比例-积分控制器实现无静差控制。采用比例-积分控制器的仿真模型如图 3-48 所示。

比例-积分控制器的传递函数为 $P+I\frac{1}{s}$，比例环节系数 P 设为 30，积分环节系数 I 设为 100。输出限幅设为“±10”，在 4.5 s 加额定负载转矩并且 $U_n^*=10$ V，即目标转速为 1 750 r/min。比例-积分控制和比例控制直流电机的转速波形对比图如图 3-49 所示，可以看出采用比例-积分控制时电机转速可以实现无静差控制。通过比较，可以看出采用比例-积分控制器的调速控制系统的性能优于采用比例控制器的调速控制系统。在采用比例-积分控制时，也可以通过改变 U_n^* 的值来改变稳定运行时电机的转速，具体转速波形如图 3-50 所示。

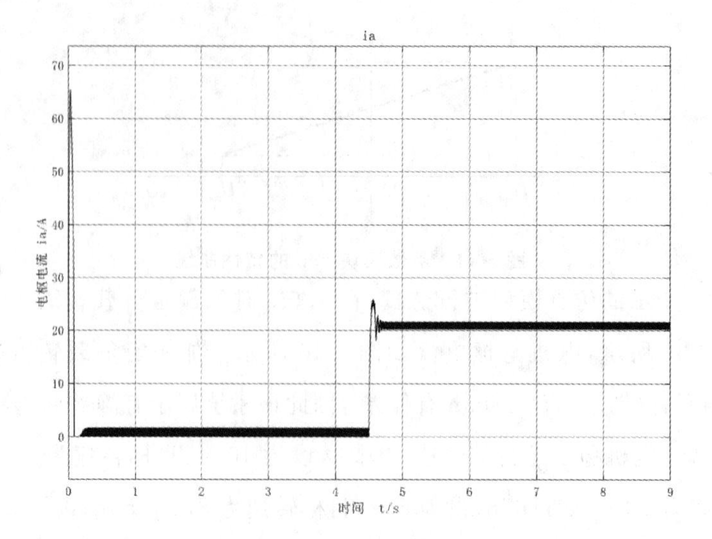

图 3-46　直流电机电枢电流波形图

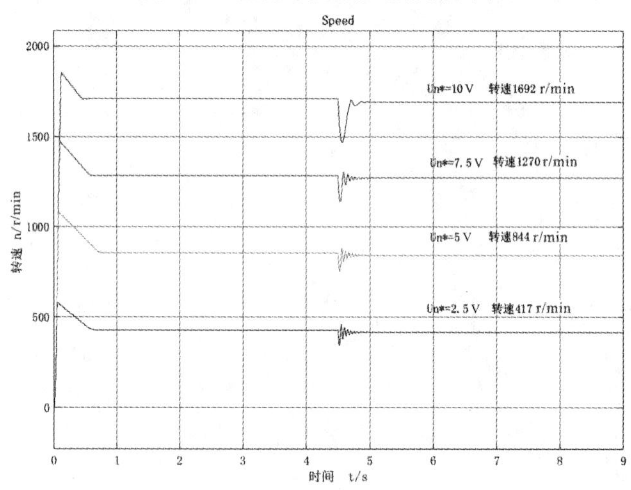

图 3-47　U_n^* 不同时直流电机转速波形图

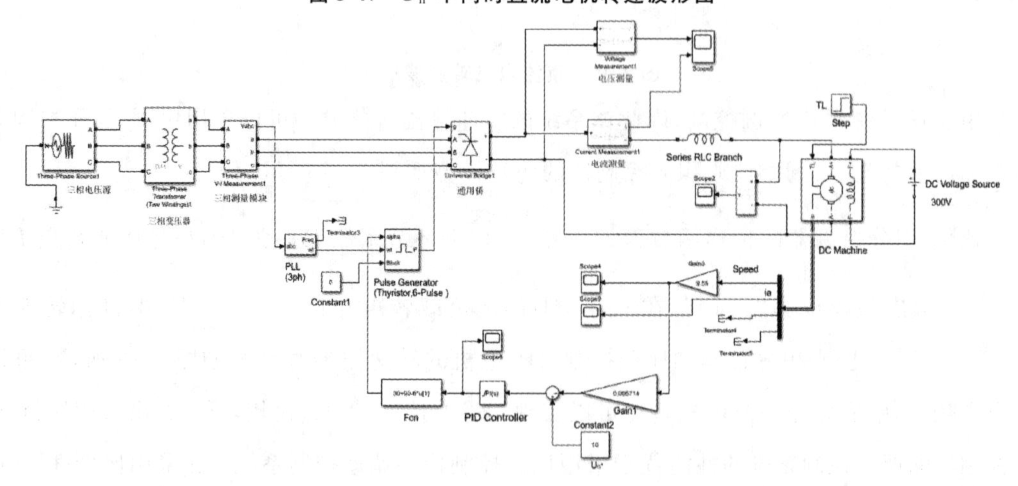

图 3-48　采用比例-积分控制器进行闭环控制的仿真模型

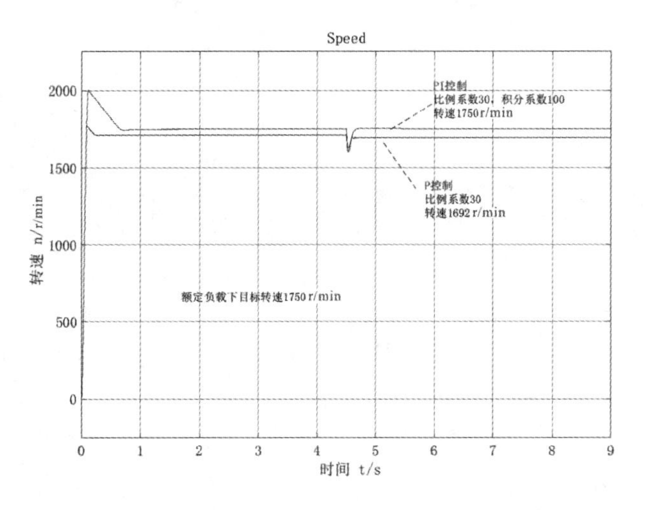

图 3-49　比例-积分控制和比例控制直流电机的转速波形对比图

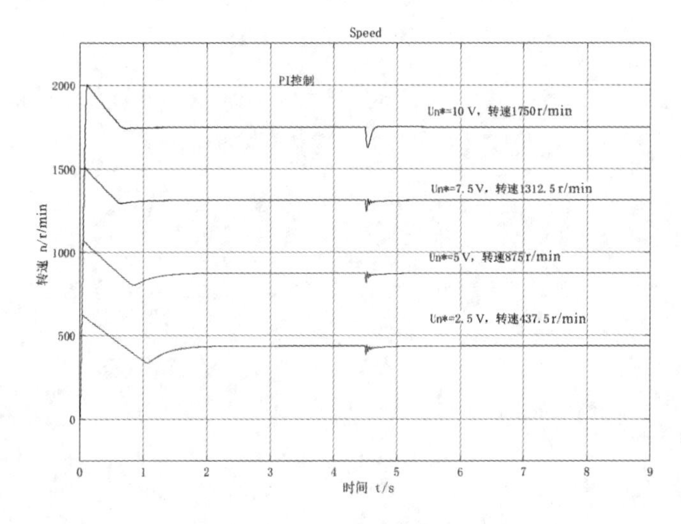

图 3-50　在比例-积分控制下 U_n^* 取不同值时直流电机转速波形图

第4章 交流电机调速控制系统仿真项目

4.1 任务简介

交流异步电机通用性强、运行可靠、制造方便，广泛应用于工业生产的各行各业中。交流异步电机主要的调速方法包括变压、变频、改变极对数等。随着电力电子变频和控制技术的日趋成熟，采用电力电子变频器，可使交流调速性能大幅提高。目前，交流变频调速得到广泛应用。

本章将重点探析笼型异步电动机调速控制系统的构成和基本原理。完成本章的学习后，将达成以下目标。

(1) 掌握交流异步电动机的特性。

(2) 掌握交流异步电动机的启动方法。

(3) 掌握交流异步电动机变频调速的原理。

(4) 能够设计交流异步电动机恒压频比控制系统的仿真模型。

4.2 交流异步电动机的特性

4.2.1 交流异步电动机的机械特性

三相异步电动机的机械特性是指电动机的转速 n 与电磁转矩 T_e 之间的关系，由于交流异步电动机的转速与转差率之间存在一定的关系，因此交流异步电动机的机械特性通常用 $T_e = f(s)$ 表示。

交流异步电动机的T型等效电路如图4-1所示。

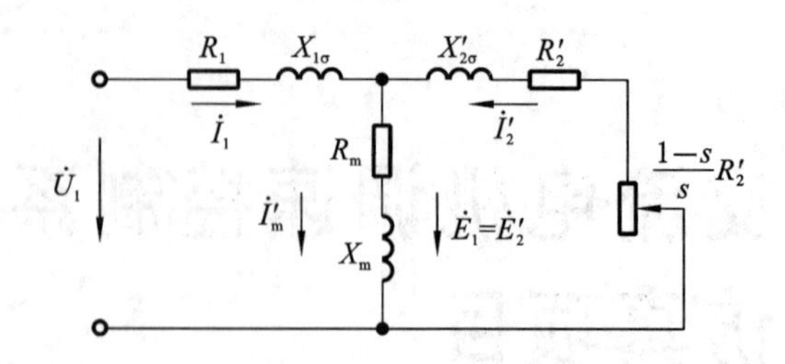

图 4-1　交流异步电动机的 T 型等效电路

根据图 4-1 所示的 T 型等效电路，交流异步电动机机械特性的参数表达式为

$$T_e=\frac{m_1U_1^2\frac{R_2'}{s}}{\Omega_s\left[\left(R_1+c\frac{R_2'}{s}\right)^2+(X_1+cX_{2\sigma}')^2\right]}=\frac{3pU_1^2\frac{R_2'}{s}}{2\pi f_1\left[\left(R_1+c\frac{R_2'}{s}\right)^2+(X_{1\sigma}+cX_{2\sigma}')^2\right]}\tag{4-1}$$

式中：m_1为定子相数，一般取 $m_1=3$；p 为极对数；Ω_s 为机械角频率；f_1为电源频率；$c\approx 1+\frac{X_{1\sigma}}{X_m}$，对于 40 kW 及以上的电动机，$c$ 可取 1；U_1为定子电压有效值；s 为转差率，$s=\frac{n_1-n}{n_1}$，n_1为定子旋转磁场的转速，n 为转子的转速。

例 4-1　已知一个笼型异步电动机，$P_N=75\ 000$ kW，$U_N=400$ V，电源频率 $f_1=50$ Hz，$R_1=0.035\ 52\ \Omega$，$L_1=0.000\ 335$ H；$R_2'=0.020\ 92\ \Omega$，$L_2'=0.000\ 335$ H，$L_M=0.015\ 1$ H，$p=2$。根据参数表达式，编写 m 文件用以绘制机械特性曲线，也就是电磁转矩与转速之间以及转差率与电磁转矩之间的关系曲线，程序代码如下：

```
clc;clear;
U1=400;f1=50;
R1=0.03552;  x1=0.000335;
R2=0.02092;x2=0.000335;
xm=0.0151;  c=1+x1/xm
x2a=c*x2;R2a=c*R2;
p=2;    w=2*pi*f1/p;
s=0:0.005:1;
numerator=(3*U1^2*R2)./s;
denominator=w.*(R1+R2a./s).^2+(x1+x2a)^2;
T=numerator./denominator;
figure(1)
n1=1500;
n=n1-s.*n1;
```

```
plot(T,n)
figure(2)
plot(s,T)
holdon
```

运行程序代码，得到机械特性曲线如图 4-2、图 4-3 所示。

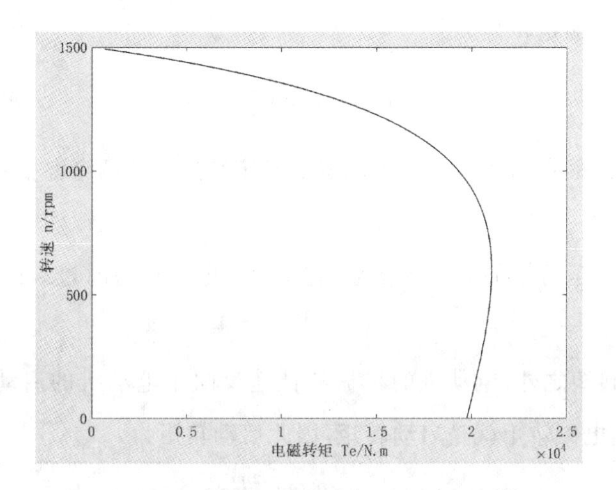

图 4-2　电磁转矩与转速之间的关系

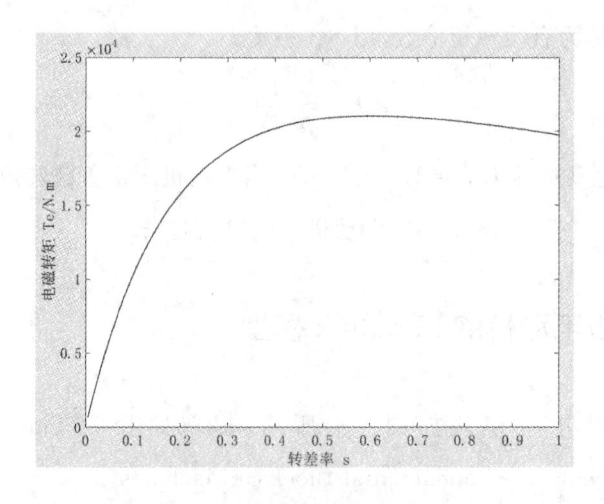

图 4-3　转差率与电磁转矩之间的关系

由机械特性曲线可以看出，电动机的电磁转矩有一个最大值。经计算，电磁转矩的最大值为

$$T_{\mathrm{em}}=\frac{m_1 pU_1^2}{4\pi f_1\left[R_1+\sqrt{R_1^2+(X_{1\sigma}+X'_{2\sigma})^2}\right]} \tag{4-2}$$

通常 $R_1 \ll (X_{1\sigma}+X'_{2\sigma})$，所以有

$$s_{\mathrm{m}}=\frac{R'_2}{X_{1\sigma}+X'_{2\sigma}},\qquad T_{\mathrm{em}}=\frac{m_1 pU_1^2}{4\pi f_1(X_{1\sigma}+X'_{2\sigma})} \tag{4-3}$$

最大电磁转矩对交流异步电动机的运行具有重要意义。如果负载转矩突然增大且大于最大电磁转矩，则电动机将会停转。最大电磁转矩与额定转矩之比称为电动机的过载能力，用 λ_T 表示。

$$\lambda_T = \frac{T_{em}}{T_N} \tag{4-4}$$

式中：T_N 为电动机的额定转矩。

$$T_N = 9.55\frac{P_N}{n_N} \tag{4-5}$$

式中：P_N 是电动机的额定功率；n_N 是电动机的额定转速。这两个参数在电动机出厂时，在铭牌上都有标示。

λ_T 是表征电动机运行性能的重要参数，它反映了电动机短时过载能力的大小。一般电动机的过载能力为 $\lambda_T = 1.6 \sim 2.2$ 。

除了最大电磁转矩之外，电动机的机械特性还反映了电动机的启动转矩。转差率 $s=1$，即转速 $n=0$ 时的电磁转矩就是启动转矩，因此启动转矩为

$$T_{st} = \frac{m_1 pU_1^2 R_2'}{2\pi f_1[(R_1 + R_2')^2 + (X_{1\sigma} + X_{2\sigma}')^2]} \tag{4-6}$$

T_{st} 与 T_N 之比称为启动转矩倍数，用 K_{st} 表示。

$$K_{st} = \frac{T_{st}}{T_N} \tag{4-7}$$

一般笼型异步电动机的 $K_{st} = 1.2 \sim 2.0$ 。当电动机所带负载转矩为 T_L 时，只有当启动转矩大于负载转矩，即 $T_{st} > T_L$ 时，电动机才能启动起来。

4.2.2 交流异步电动机的 Simulink 模型

Simulink 中异步电机模块如图 4-4 所示，提取路径为 Simscape→Electrical→Specialized Power Systems→Fundamental Blocks→Machines。

异步电机模块主要有两种——Asynchronous Machine SI Units 和 Asynchronous Machine pu Units。前者的参数设置采用国标单位，后者的参数设置采用标幺值。这两种模块可将电机转子设为绕线型转子或笼型转子。若设为绕线型转子(见图 4-4(a))，则模型有 4 个输入端口：Tm 是负载转矩，若 Tm 为正值，则模型作为电动机运行，若 Tm 为负值，则模型作为发电机运行；A、B、C 为三相定子绕组的出线端。输出端口也是 4 个：m 是包含 21 个电机内部测量信号的向量，需要使用多路信号分配器 Demux 进行分配后送到示波器显示；a、b、c 分别指三相转子绕组。若设为笼型转子(见图 4-4(b))，则模型有 4 个输入端

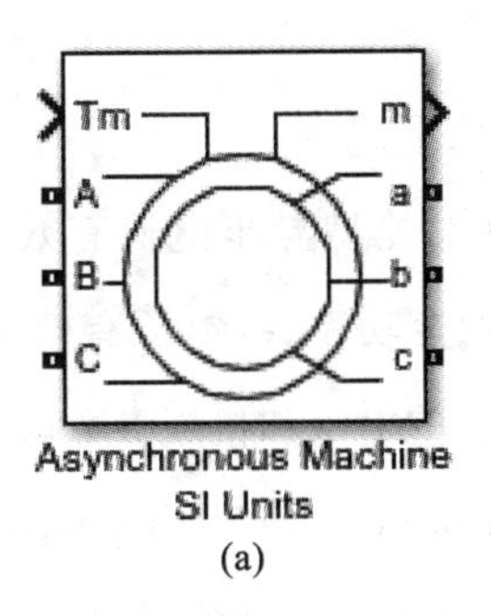

(a)

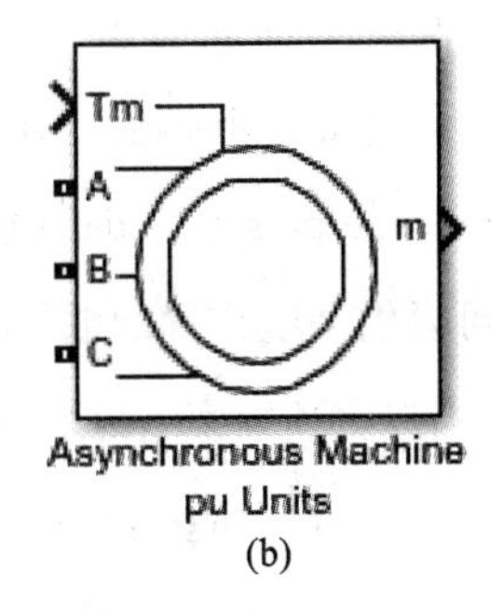

(b)

图 4-4　Simulink **中异步电机模块**

口、1 个输出端口。

以 Asynchronous Machine SI Units 模块为例，双击打开异步电机模块的参数设置对话框，如图 4-5 所示。该对话框包括 Configuration 页、Parameters 页和 Load Flow 页三个选项页。其中，Load Flow 页选择默认值。

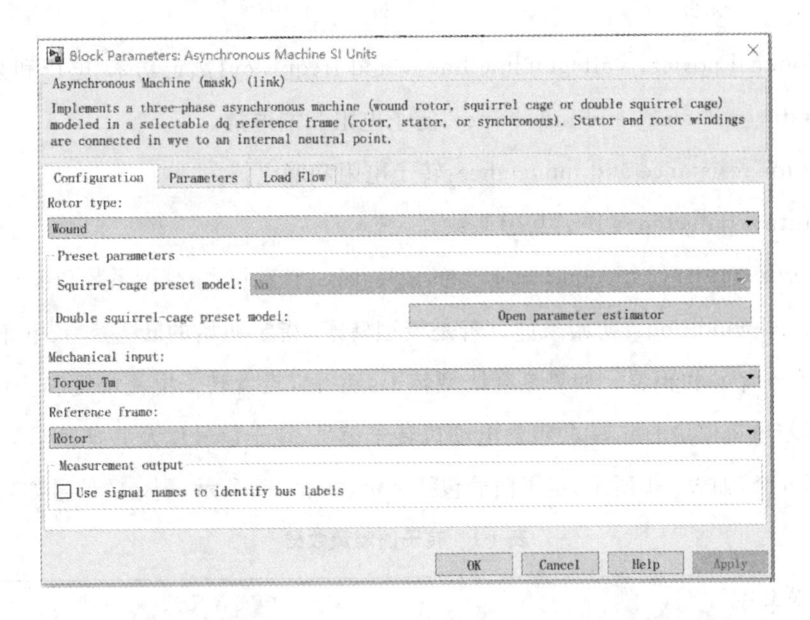

图 4-5　异步电机模块 Asynchronous Machine SI Units **的参数设置对话框**

1. Configuration **页**

(1) Rotor type：用于指定转子类型。转子分为绕线型转子（Wound）和笼型转子（Squirrel-cage）两种。

(2) Reference frame：用于指定参考坐标系。指定参考坐标系的目的是将输入电压（*abc* 参考坐标系）变换到 *dq* 参考坐标系下，以及将输出电流（*dq* 参考坐标系）变换到 *abc* 参考坐标系下。该项的选项包括：旋转坐标系 Rotor (Park 变换)(默认选项)；静止坐标系 Stationary(Clark 变换或 $\alpha\beta$ 变换)；同步旋转坐标系 Synchronous。

①Clark 变换：将 abc 坐标值变换到静止的 $a\beta$ 坐标系下。

②Park 变换：将 abc 坐标值变换到旋转的 dq 坐标系下。

(3) Squirrel-cage preset model：预置模型项。该选项对笼型异步电机有效（Rotor type 须设置为笼型），可提供一组预置的电气和机械参数，包括额定功率、线电压有效值、频率和额定转速（转/分）。当选定预置模型之后，Parameters 页中设置的电气和机械参数就无效了。

(4) Double squirrel-cage preset model：选中 Open parameter estimator，将为双笼型异步电机预置模型打开一个 power_AsynchronousMachineParams 函数接口。

(5) Mechanical input：机械输入端，可设置为转矩输入或转速输入。若选择 Torque Tm（默认值），将指定一个转矩输入（单位为 N·m 或标幺值）；若选择 Speed w，将指定一个转速输入（单位为 rad/s 或标幺值）。

(6) Measurement output：测量输出，勾选其下复选框，表示使用信号名称识别总线标签。

2. Parameters 页

(1) Nominal power, voltage (line-line), and frequency：额定功率、电压和频率。

(2) Stator resistance and inductance：定子电阻和漏电抗。

(3) Rotor resistance and inductance：转子电阻和漏电抗。

(4) Mutual inductance Lm：互感参数。

(5) Inertia constant, friction factor, and pole pairs：转动惯量、摩擦系数和极对数参数。

(6) Initial conditions：初始条件。若是笼型转子，指定初始的转差率 s、电角度 θ、定子电流幅度（A or pu）和相位。如果是绕线型转子，还可以设置转子电流幅度和相位。

笼型异步电机模块的 m 端共包含电动机转子信号、定子信号以及其他信号等。其中：转子信号包括 9 个，如表 4-1 所示；定子信号包括 9 个，如表 4-2 所示；剩余的信号如表 4-3 所示。

表 4-1　转子的测量数据

英文名称	中文含义
Rotor current ir_a(A)	转子 a 相电流
Rotor current ir_b(A)	转子 b 相电流
Rotor current ir_c(A)	转子 c 相电流
Rotor current iq(A)	转子电流经 dq 坐标变换后的 q 向电流
Rotor current id(A)	转子电流经 dq 坐标变换后的 d 向电流
Rotor flux phir_q(V s)	转子在 q 向的磁通
Rotor flux phir_d(V s)	转子在 d 向的磁通
Rotor voltage Vr_q(V)	转子在 q 向的电压
Rotor voltage Vr_d(V)	转子在 d 向的电压

表 4-2　定子的测量数据

英文名称	中文含义
Stator current is_a(A)	定子 a 相电流
Stator current is_b(A)	定子 b 相电流
Stator current is_c(A)	定子 c 相电流
Stator current is_q(A)	定子电流经 dq 坐标变换后的 q 向电流
Stator current is_d(A)	定子电流经 dq 坐标变换后的 d 向电流
Stator flux phis_q(V s)	定子在 q 向的磁通
Stator flux phis_d(V s)	定子在 d 向的磁通
Stator voltage Vs_q(V)	定子在 q 向的电压
Stator voltage Vs_d(V)	定子在 d 向的电压

表 4-3　异步电动机的其他测量数据

英文名称	中文含义
Lm	激磁电感
Rotor speed(wm)	转子转速,弧度/秒,需要乘以 9.55 转换成转/分
Electromagnetic torque Te(N * m)	电磁转矩
Rotor angle thetam(rad)	转子转角

对于这 22 个信号,在仿真中可以根据需要选择其中几个进行观察。

4.2.3　笼型异步电动机的启动

设有一笼型异步电动机,参数与例 4-1 相同。建立电动机启动仿真模型如图 4-6 所示。该模型包含交流电压源、笼型异步电动机、阶跃信号源模块、总线选择器以及示波器等。这些模块的提取路径如表 4-4 所示。

表 4-4　笼型异步电动机启动仿真模型所用模块及其提取路径

模块名	提取路径
交流电压源模块	Simscape→Electrical→Specialized Power Systems→Fundamental Blocks→Electrical Sources→AC Voltage Source
异步电机模块	Simscape→Electrical→Specialized Power Systems→Fundamental Blocks→Machines→Asynchronous Machine
阶跃信号源模块	Simulink→Source→Step

续表

模块名	提取路径
总线选择器模块	Simulink→Signal Routing→Bus Selector
放大器模块	Simulink→Math Operations→Gain
XY 图示仪模块	Simulink→Sinks→XY Graph
示波器模块	Simulink→Sinks→Scope

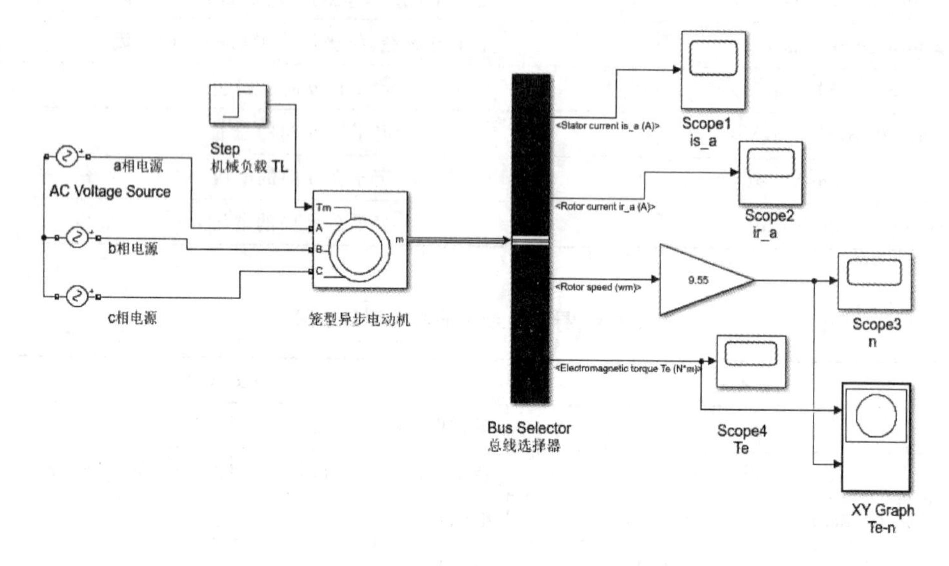

图 4-6　笼型异步电动机启动仿真模型

1. 电源模块

异步电动机定子绕组一般采用三角形接法，额定电压 $U_{\mathrm{N}}=400\ \mathrm{V}$ 属于线电压，因此可以计算出每相电源电压的有效值为 $U=\frac{400}{\sqrt{3}}\ \mathrm{V}=231\ \mathrm{V}$。因此，将 a 相电源、b 相电源和 c 相电源的有效值都设为 231 V，频率都设为 50 Hz。a 相相位角设为 0°，b 相相位角设为 −120°，c 相位角设为 −240°。

2. 机械负载的设置

将机械负载设为额定负载：$T_{\mathrm{N}}=\frac{P_{\mathrm{N}}}{\Omega_{\mathrm{N}}}=\frac{P_{\mathrm{N}}}{2\pi f_{\mathrm{N}}}\times 60=483\ \mathrm{N\cdot m}$。在机械负载端用 Step 模块，初始值设为 0，终了值设为“483”，阶跃时间点设为 1.5 s，也就是在 1.5 s 加机械负载。

3. 总线选择器模块

总线选择器模块 Bus Selector 的功能是从总线信号中选择一个或多个信号进行处理。笼型异步电机模块的 m 端可以输出 22 个信号，本仿真根据需要选择定子电流、转子电流、电磁转矩和转速 4 个信号进行观察。

4. 放大器模块

放大器模块的增益设为 9.55,也就是将转速“弧度/秒”转换成“转/分”。

参数设置好后,观察各示波器和图示仪的波形。转速的波形如图 4-7 所示,可以看出在额定负载下该笼型异步电动机可以稳定运行。定子电流的波形如图 4-8 所示,转子电流的波形如图 4-9 所示,电磁转矩的波形如图 4-10 所示,机械特性曲线(电磁转矩和转速 n 的关系曲线)如图 4-11 所示。

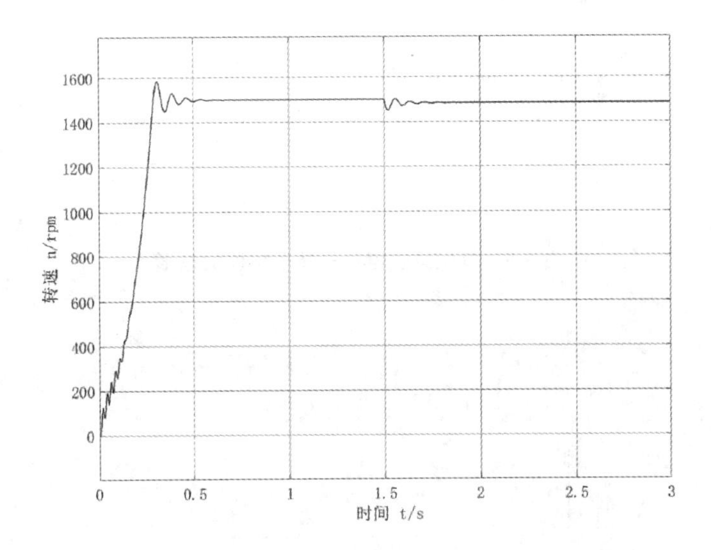

图 4-7　笼型异步电动机转速的波形

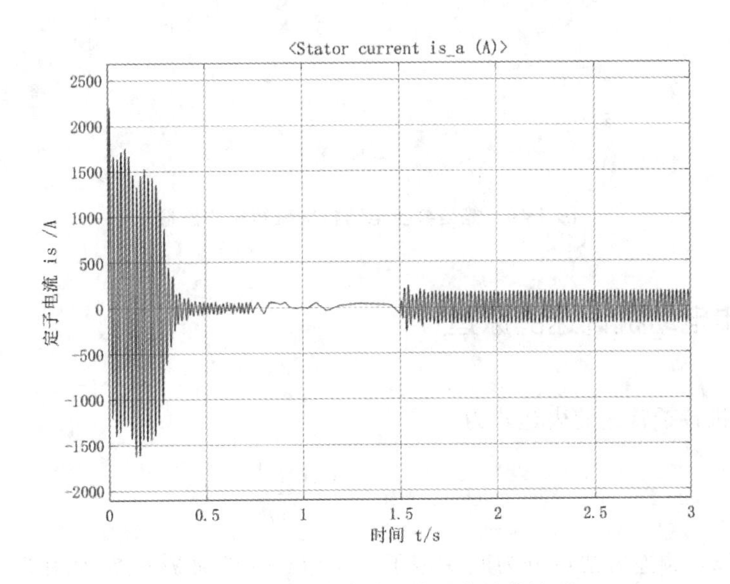

图 4-8　笼型异步电动机定子电流的波形

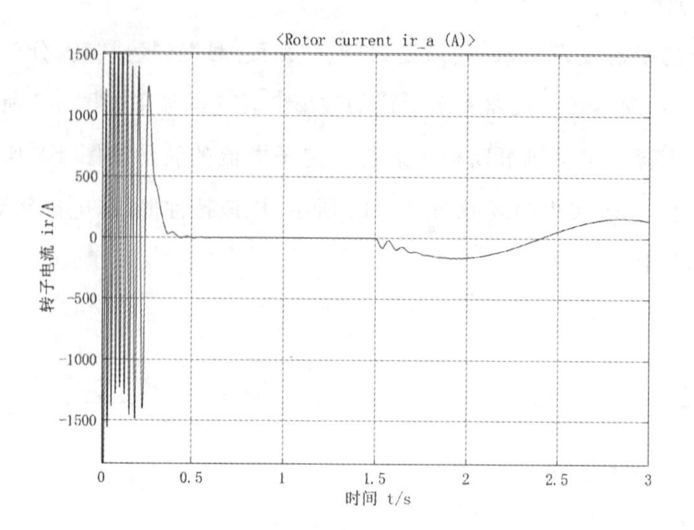

图 4-9　笼型异步电动机转子电流的波形

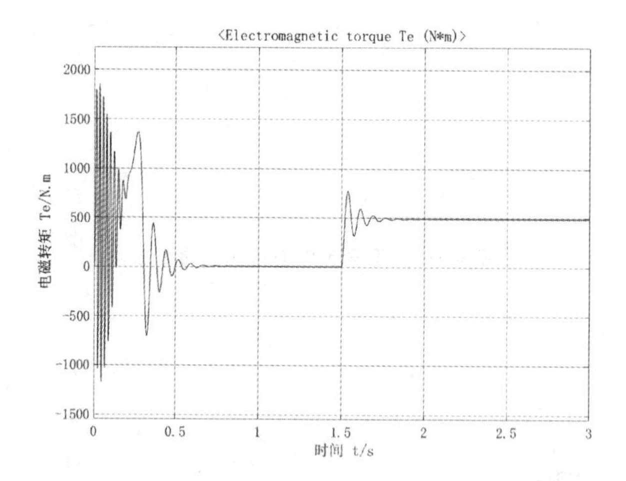

图 4-10　笼型异步电动机电磁转矩的波形

4.2.4　异步电动机调速的原理

异步电动机转子转速的表达式为

$$n=(1-s)n_1=\frac{60(1-s)f_1}{p} \tag{4-8}$$

根据式(4-8),调速方法可分为改变定子边绕组建立的磁极对数 p、在转子边调节转差率 s 和调节定子电源频率 f_1。定子边绕组建立的磁极对数在电机出厂时已经定好;在转子电路中外加电阻或电动势以调节转差率,从而调节转子转速,只适用于绕线式异步电动机,

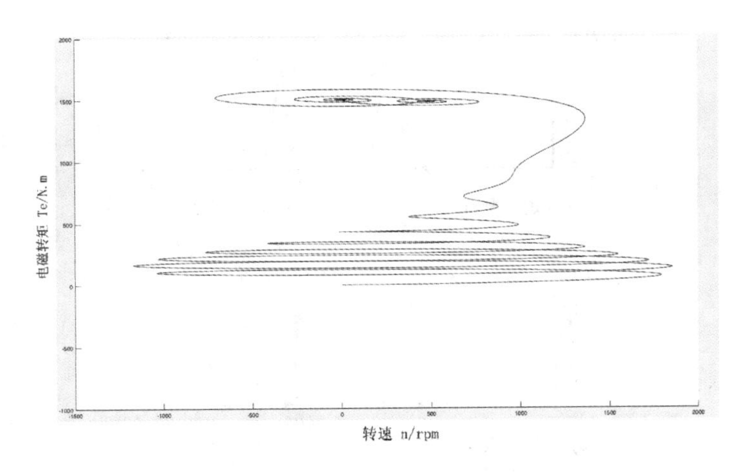

图 4-11　笼型异步电动机的机械特性曲线

不适用于笼型异步电动机。因此，改变定子电源频率是笼型异步电动机最常用的调速方法。

4.3　变频逆变的工作原理

在实际应用中，通过改变交流电源频率来实现调速。但交流电源一般从电网接入，要达到变频目的，可以先进行整流，将交流电源变成直流电源，然后再进行变频逆变。本节从SPWM（正弦脉宽调制）控制的基本原理开始，讲述变频逆变的基本原理和仿真过程。

4.3.1　SPWM（正弦脉宽调制）控制的基本原理

SPWM 控制的重要理论基础是面积等效原理，即当冲量相等而形状不同的窄脉冲加在具有惯性的环节上时，其效果基本相同，即惯性环节的输出响应波形基本相同。换句话说，如果对各输出波形进行傅立叶变换分析，则其低频段特性非常接近，仅在高频段略有差异。这是一个非常重要的结论，它表明惯性系统的输出响应主要取决于系统的冲量，即窄脉冲的面积，而与窄脉冲的形状无关。图 4-12 所示是几种典型的形状不同而冲量相同的窄脉冲，当它们分别作用在同一个惯性系统，如图 4-13 所示的系统上时，输出响应波形基本相同。

在图 4-13 中，$e(t)$ 为电压窄脉冲，是系统的输入，其形状分别如图 4-12(a)～(d)所示，形状不同但面积相同。该输入加在可以看成惯性环节的 RL 电路上，设电流 $i(t)$ 为电路的输出。图 4-14 给出了不同窄脉冲下 $i(t)$ 的响应波形。由响应波形可以看出，在 $i(t)$ 的上升

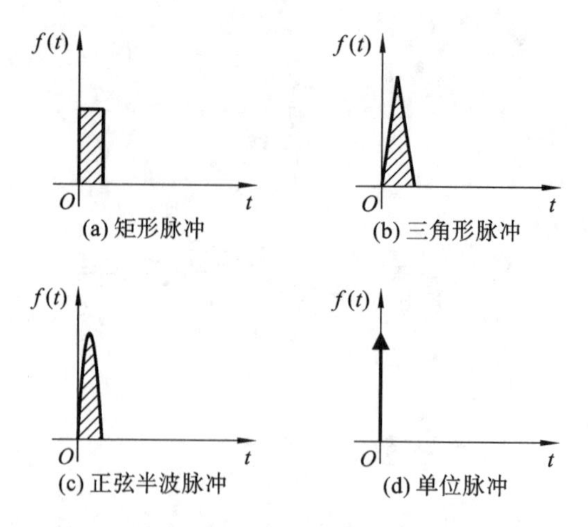

图 4-12　冲量相等的四种脉冲

段，脉冲形状不同时 $i(t)$ 的形状也略有不同；而在 $i(t)$ 的下降段，脉冲形状不同时 $i(t)$ 的形状几乎完全相同。如果进行傅立叶变换分析，这四个输出相应的 $i(t)$ 曲线仅高频成分有所不同，低频成分一样。

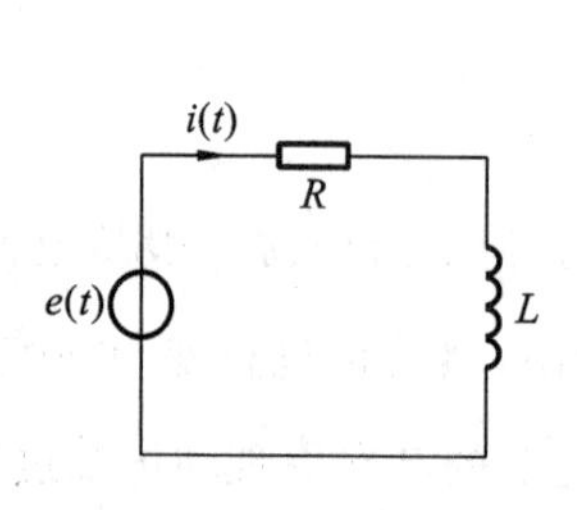

图 4-13　脉冲响应电路图

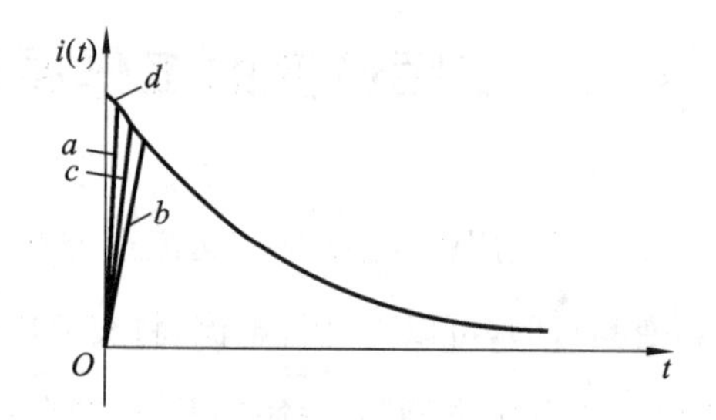

图 4-14　冲量相同的四种窄脉冲下的响应波形

下面分析如何利用一系列等幅不等宽的脉冲序列来代替一个正弦半波。把图 4-15 所示的正弦半波分成 N 等分，就可以把正弦半波看成由 N 个彼此相连的脉冲序列组成，该序列脉冲等宽度而不等幅值，即脉冲宽度均为 π/N，但脉冲幅值不等，按正弦规律变化。将上述脉冲序列采用面积等效原理进行等效：采用 N 个等幅值而不等宽度的矩形脉冲代替，保证矩形脉冲的中点与相应正弦半波的中点重合，且使矩形脉冲和相应正弦半波的面积（冲量）相等，这样能够保证矩形脉冲与正弦半波的作用相同。根据面积等效原理，SPWM 波形和正弦半波的波形是等效的。对于正弦波的负半周，也可以用同样的方法得到 SPWM 波。

根据 SPWM 控制的基本原理，如果给出了逆变电路的正弦波的输出频率、幅值和半个周期的脉冲数，则 SPWM 波中各脉冲的宽度和间隔就可以准确计算出来。按照计算结果控制逆变电路中各开关器件的通断，就可以得到所需要的 SPWM 波。这种方法称为计算法。可以看出，计算法很烦琐，当需要改变正弦波的输出频率、幅值或相位时，各开关器件的通断时刻也要发生变化。我们一般用调制法来代替计算法。

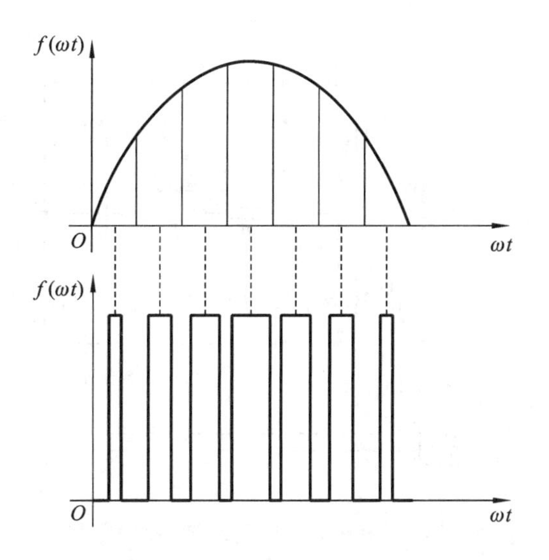

图 4-15　用 SPWM 波代替正弦半波

4.3.2　基于调制法的逆变电路

在实际中，人们常采用正弦波与三角波相交的方法来确定各矩形脉冲的宽度。正弦波作为调制信号，它是希望逆变电路输出的波形。三角波作为载波，三角波和正弦波的交点时刻就是控制开关管开关的时刻。常见载波为等腰三角波或锯齿波。由正弦波调制三角波来获得 SPWM 波的方法称为正弦脉宽调制法。按照输出脉冲在半个周期内极性变化的不同，正弦脉宽调制法可分为单极性调制和双极性调制两种。下面以单相桥式电压型逆变电路为例来讲述双极性调制的原理。图 4-16 所示是单相桥式电压型逆变电路运用调制法控制的结构图，主电路是单相桥式电压型逆变电路，四个开关管的控制信号由调制电路产生，调制电路有信号波（也叫调制波）和载波两个输入信号。在 SPWM 调制中，调制波一般是弱电信号，它的波形与负载上输出电压 SPWM 波所等效的波形（正弦波）一致，即频率和相位一致，但幅度会低很多，如调制信号幅度是 1 V，负载等效输出的信号幅度可能是几百伏。载波是高频的弱电信号，理论上载波频率越高，主电路负载上产生的 SPWM 波越接近正弦波。控制信号以及输出的理论电压波形如图 4-17 所示。

为了验证单相桥式电压型逆变电路 SPWM 控制的原理，根据图 4-16 搭建了如图 4-18 所示的仿真模型。

图 4-18 所示的仿真模型由主电路、控制电路和测量电路三个部分组成。主电路由四个开关管组成单相逆变桥。本次仿真选用 4 个 MOSFET 管。控制电路选用一个三角波发生器和一个正弦波发生器两路信号进行比较，当三角波的值小于或等于正弦波的值时，输出信号为正，触发 V_1 和 V_4；当三角波的值大于正弦波的值时，输出信号经过一个反向器触发

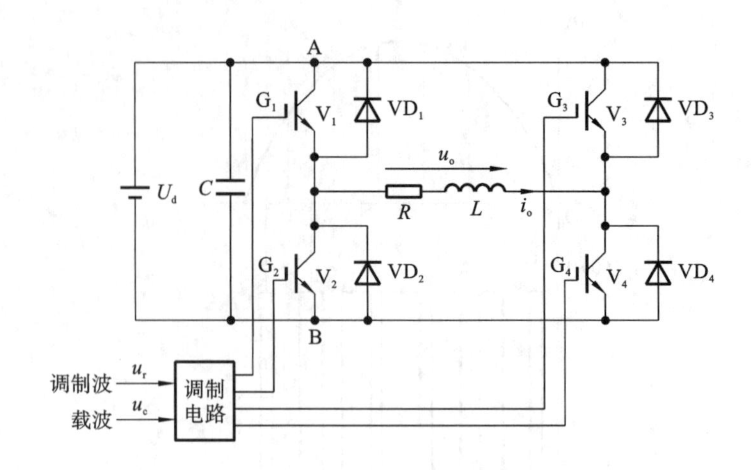

图 4-16　单相桥式电压型逆变电路的原理图

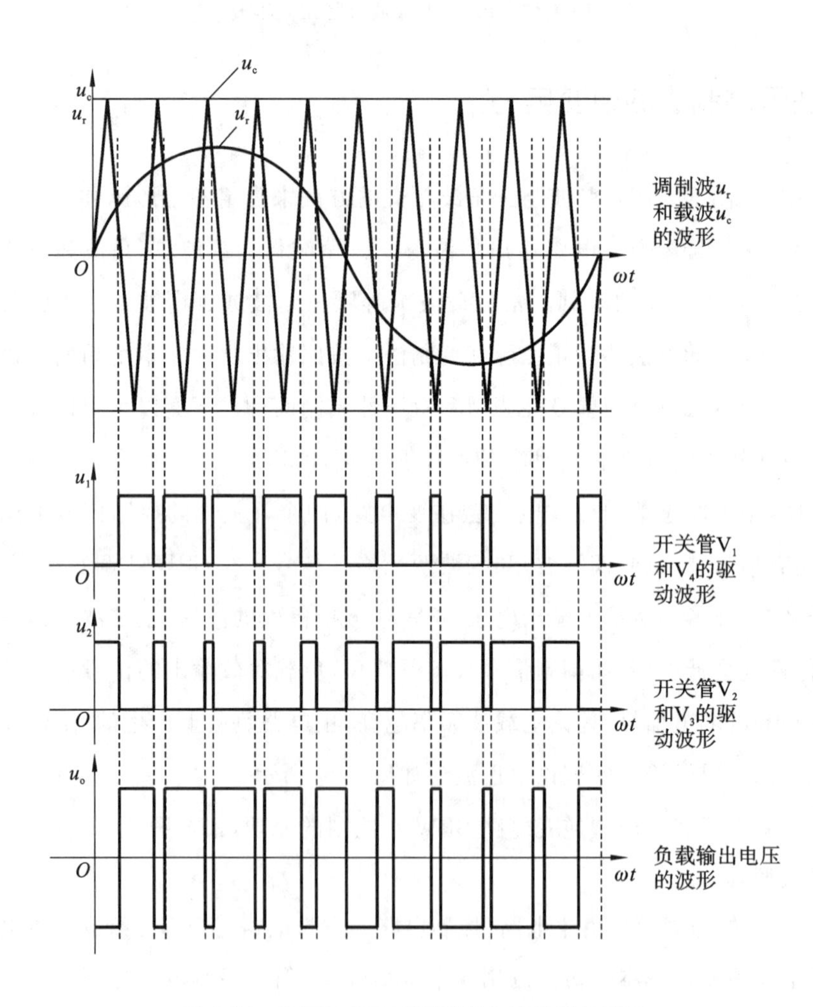

图 4-17　单相桥式电压型逆变电路的工作波形

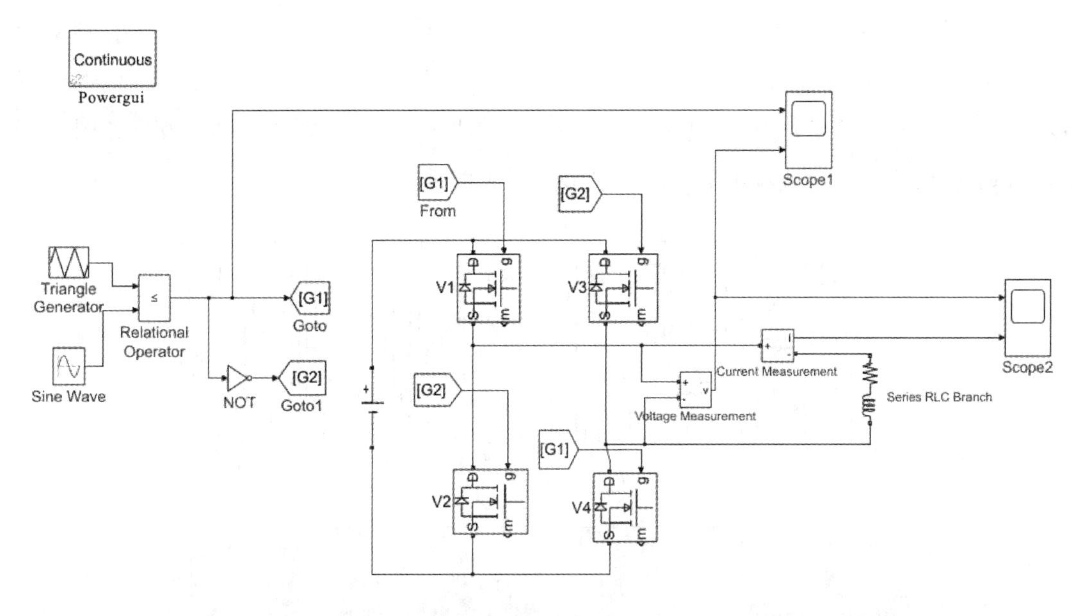

图 4-18　基于双极性 SPWM 控制的单相桥式电压型逆变电路仿真模型

V_2 和 V_3。为了使模型文件清晰，在控制信号输出端和开关管触发端之间没有用信号线连接，而是用起到相同作用的 Goto 模块和 From 模块。From 模块从对应的 Goto 模块接收信号，然后将该信号作为输出传递出去。输出的数据类型与来自 Goto 模块的输入的数据类型相同。From 和 Goto 模块允许将信号从一个模块传递到另一个模块，而无须实际连接它们。要将 Goto 模块与 From 模块关联，需要在 Goto Tag 参数中输入 Goto 模块的标记。测量依然是用电流表串接在负载回路中，电压表并联在负载两端，电流表和电压表的信号输出到示波器。示波器(Scope2)有两个输入信号：负载电压、负载电流。示波器(Scope1)有两个输入信号：V_1 管子的驱动信号和负载端的电压信号。主要模块的提取路径如表 4-5 所示。

表 4-5　基于双极性 SPWM 控制的单相桥式电压型逆变电路仿真模型中主要模块的提取路径

模块名	提取路径
直流电压源模块	Simscape→Electrical→Specialized Power Systems→Fundamental Blocks→Electrical Sources→DC Voltage Source
电力场效应晶体管模块	Simscape→Electrical→Specialized Power Systems→Fundamental Blocks→Power Electronics→Mosfet
RLC 串联支路模块	Simscape→Electrical→Specialized Power Systems→Fundamental Blocks→Elements→Series RLC Branch
三角波发生器模块	Simscape→Electrical→Specialized Power Systems→Fundamental Blocks→Power Electronics→Pulse & Signal Generators→Triangle Generator
正弦信号源模块	Simulink→Sources→Sine Wave
信号接收模块	Simulink→Signal Routing→From
信号输出模块	Simulink→Signal Routing→Goto

模型搭建好后，进行参数设置。设置正弦波幅度设为“0.95”，初相角设为“0”，频率设为“2 * pi * 50”rad/s。三角波的频率设为 1 kHz，幅度设为“±1”，角度设为 90°。电源电压设为 50 V，负载电阻设为 10 Ω，电感设为 10 mH。此时，负载上的电压电流波形如图 4-19 所示，V_1 驱动信号和负载输出电压对比波形如图 4-20 所示。

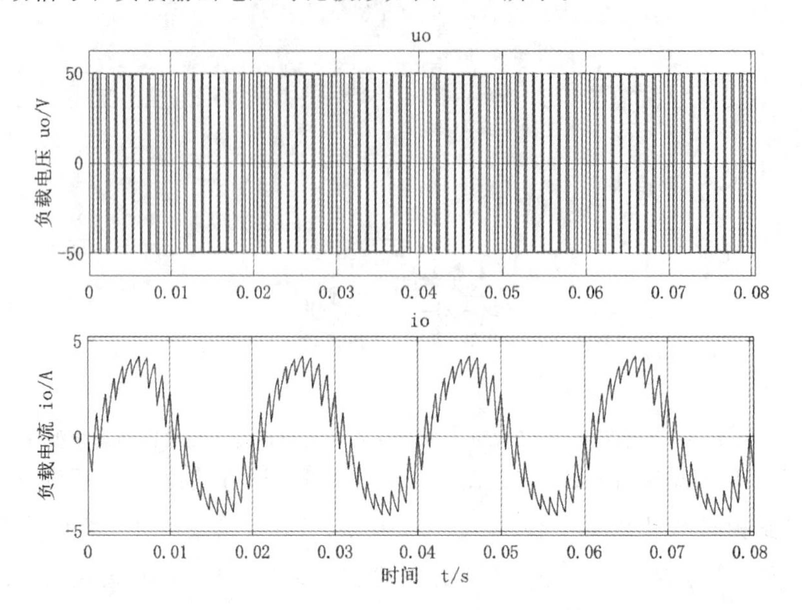

图 4-19　基于双极性 SPWM 控制的单相桥式电压型逆变电路负载上的电压电流波形

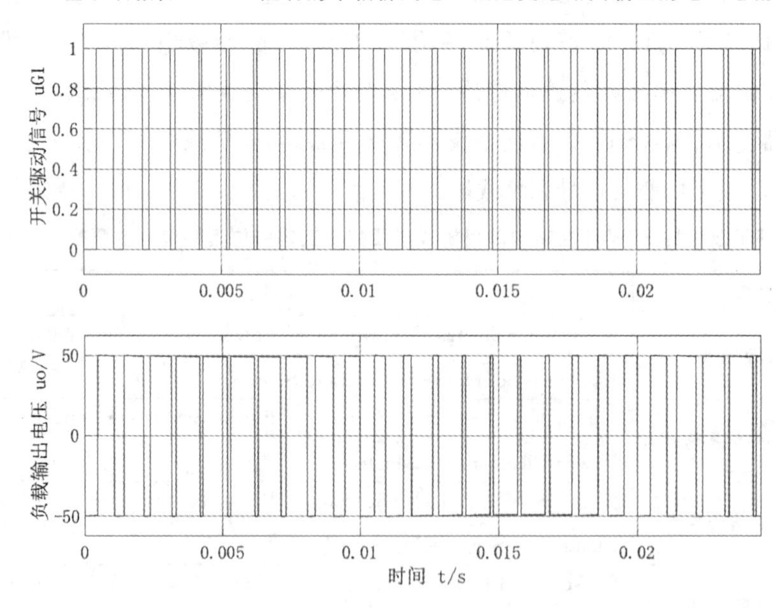

图 4-20　基于双极性 SPWM 控制的单相桥式电压型逆变电路 V_1 驱动信号和负载输出电压波形的对比

从图 4-19、图 4-20 中可以看出，负载输出电压与 V_1 的驱动信号完全同步，只是幅值不同。驱动信号是弱电信号，而负载输出电压的幅值由电源电压决定，电源电压是 50 V，负载输出电压的幅值就是 50 V。负载上的电压是 SPWM 波，电流波形近似正弦波，但由于载波

的频率不是太高，因此电流波形上会有锯齿。为了提高电流波形的质量，可以增加载波的频率，如将载波的频率从 1 kHz 提高到 5 kHz，输出的电流波形会平滑得多。

图 4-21 是负载输出电压（SPWM 波）的波形和对应的傅立叶变换分析，可以看出 SPWM 波几乎不含低次谐波，只含有载波频率及其附近频率的谐波、载波倍频及其附近频率的谐波，由于比基波频率高很多，因此可以很容易设计滤波器进行滤除。

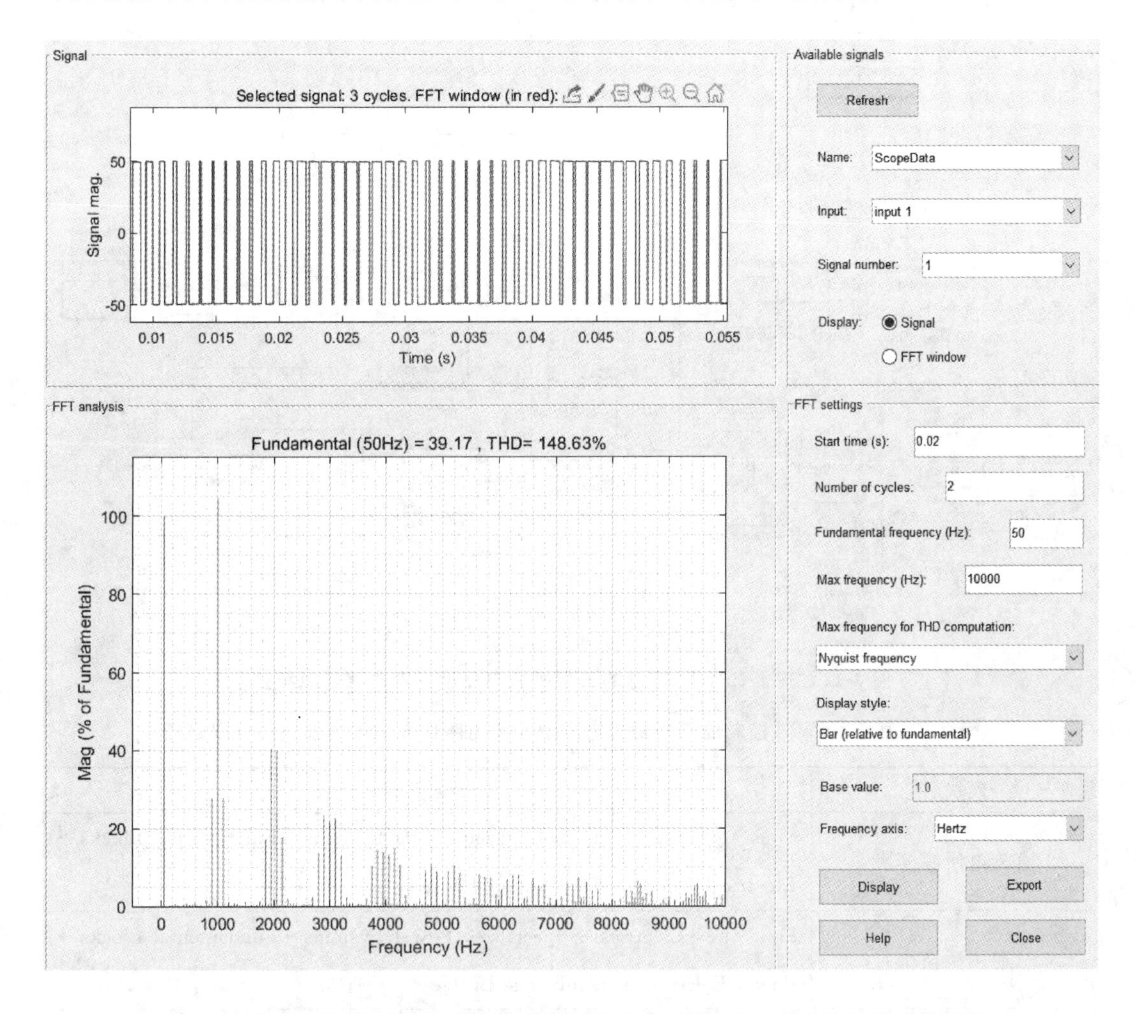

图 4-21　基于双极性 SPWM 控制的单相桥式电压型逆变电路输出电压波形的频谱

利用调制法控制单相桥式电压型逆变电路的方法很容易推广到三相桥式电压型逆变电路中。对于三相桥式电压型逆变电路，可以采用三相依次滞后 120°的调制波，三相共用一个载波，这样就会在负载上产生与三相交流电压等效的 SPWM 波。

基于 SPWM 控制的三相桥式电压型逆变电路仿真模型如图 4-22 所示。主电路电源采用两个直流电源串联，并在串联中点接地；逆变桥采用通用桥，经过一个三相 RLC 串联支路，接一个采用三相三角形连接的负载。控制回路采用两电平 PWM 波发生器。PWM 波

发生器的原理是通过比较三角波和调制波来产生 PWM 波。三角波在 PWM 波发生器中进行设置;调制波可以在发生器中设置,也可以从外部引入,本次仿真选择从外部引入调制波。三相调制波是依次滞后 120°的正弦波,由正弦波发生器产生。测量依然选用电压表、电流表、有效值测量模块以及示波器和显示器。基于 SPWM 控制的三相桥式电压型逆变电路仿真模型中模块的提取路径如表 4-6 所示。

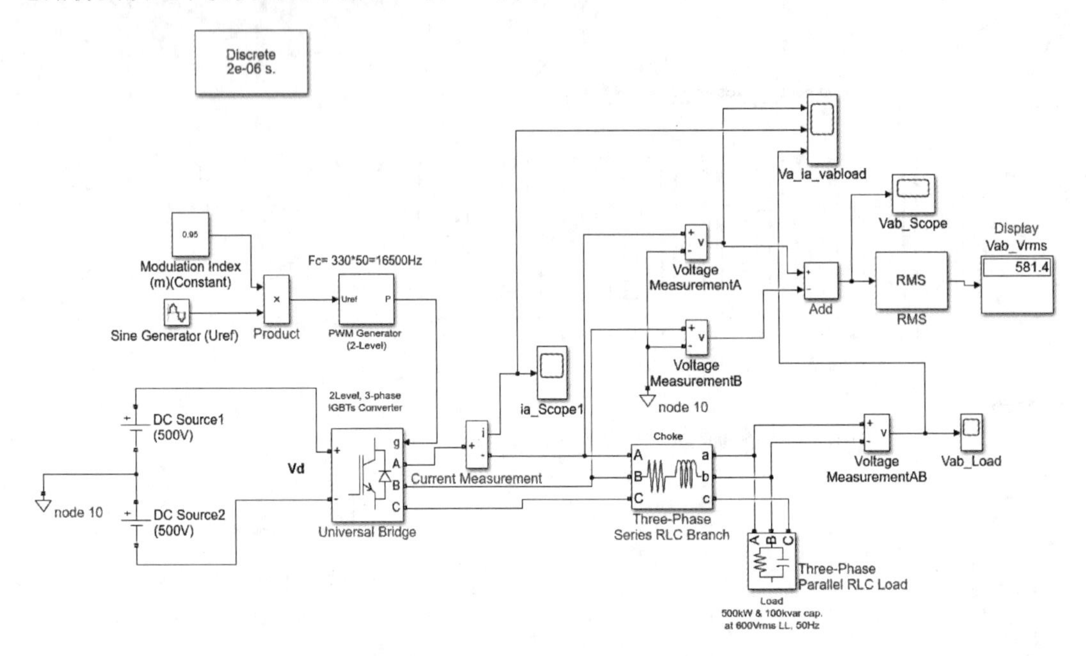

图 4-22 基于 SPWM 控制的三相桥式电压型逆变电路仿真模型

表 4-6 基于 SPWM 控制的三相桥式电压型逆变电路仿真模型中模块的提取路径

模块名	提取路径
直流电压源模块	Simscape→Electrical→Specialized Power Systems→Fundamental Blocks→Electrical Sources→DC Voltage Source
通用桥模块	Simscape→Electrical→Specialized Power Systems→Fundamental Blocks→Power Electronics→Universal Bridge
三相 RLC 串联支路模块	Simscape→Electrical→Specialized Power Systems→Fundamental Blocks→Elements→Three-Phase Series RLC Branch
三相 RLC 并联负载模块	Simscape→Electrical→Specialized Power Systems→Fundamental Blocks→Elements→Three-Phase Parallel RLC Load
PWM 波发生器模块	Simscape→Electrical→Specialized Power Systems→Fundamental Blocks→Power Electronics→Pulse & Signal Generators→PWM Generator (2-Level)
正弦信号源模块	Simulink→Sources→Sine Wave

续表

模块名	提取路径
常数模块	Simulink→Sources→Constant
乘法器模块	Simulink→Math Operations→Product
加法器模块	Simulink→Math Operations→Add
有效值测量模块	Simscape→Electrical→Specialized Power Systems→Fundamental Blocks→Measurements→Additional Measurements→RMS
显示模块	Simulink→Sinks

基于 SPWM 控制的三相桥式电压型逆变电路仿真模型搭建好后，对模块参数进行设置。通用桥桥臂数设为“3”，开关器件选择 IGBT/Diodes，PWM 波发生器的具体参数设置如图 4-23 所示。产生的 PWM 波类型为三相桥六脉冲，载波频率为 33×50 Hz，初相位是 90°，调制波选择由正弦波发生器产生的三相正弦波。正弦波发生器的参数设置如图 4-24 所示，正弦波的幅度设为“1”，频率设为“2 * pi * 50”rad/s，相位设置为向量“[0-2 * pi/3 2 * pi/3]”，这样就可以输出幅度为“1”、频率为 50 Hz、相位依次滞后 120°的三相正弦波。这个三相正弦波与一个常量 0.95 相乘，作为 PWM 波发生器调制信号的输入。仿真之后，逆变桥输出的相电压、电流和负载上的线电压如图 4-25 所示，可以看出逆变桥输出 a 相电压是 SPWM 波；逆变桥输出电流波接近正弦波，叠加了一些高频成分；由于负载是阻容负载，滤掉了大部分高频信号，因此负载上的线电压是正弦波。逆变桥输出相电压 SPWM 波的频谱如 4-26 所示，可以看出相电压 SPWM 波中除了与调制波同频的基波之外，还有载波倍频及其附近的谐波。负载上线电压的频谱如图 4-27 所示，谐波已经非常少了。

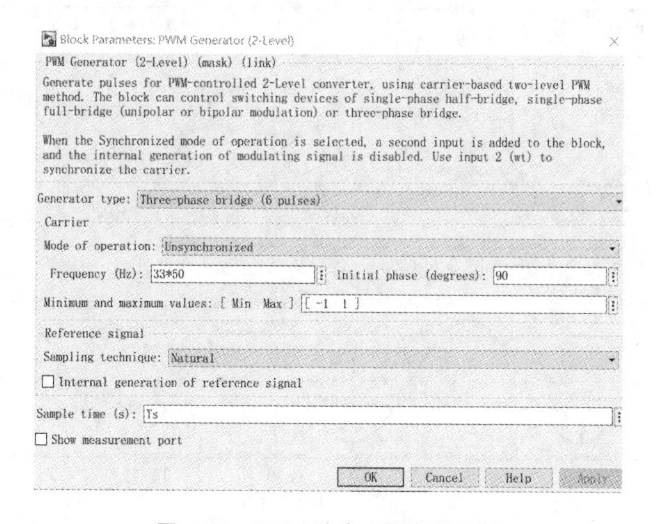

图 4-23　PWM 波发生器参数设置

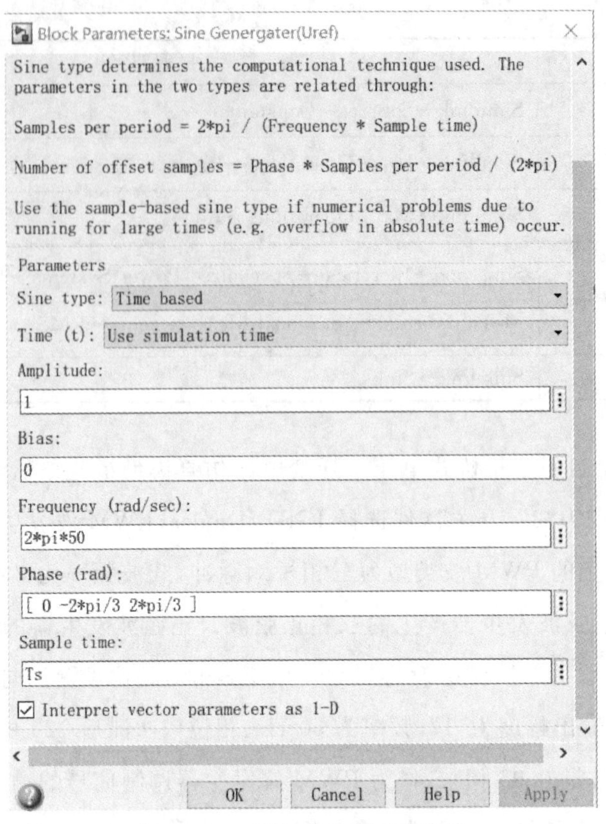

图 4-24 正弦波发生器参数设置

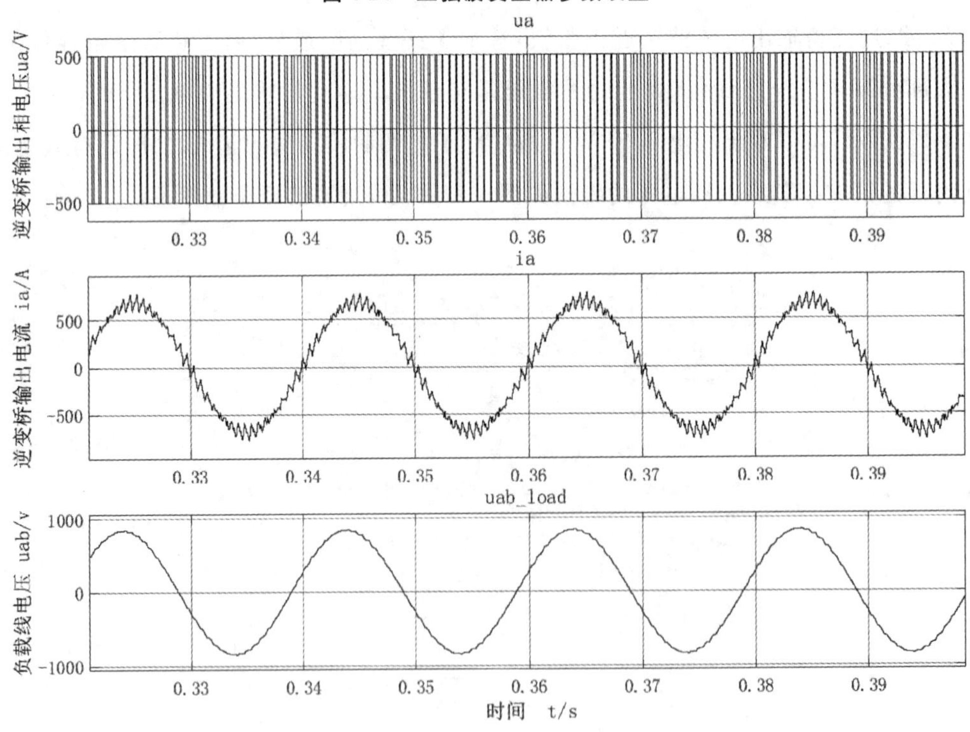

图 4-25 基于 SPWM 控制的三相桥式电压型逆变电路工作波形

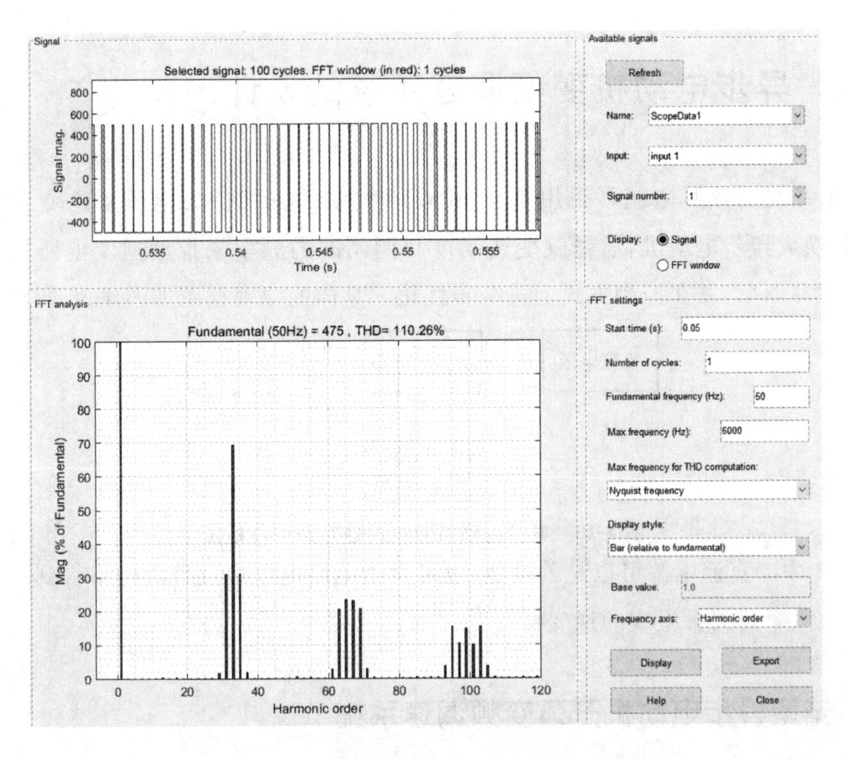

图 4-26　逆变桥输出相电压 SPWM 波的频谱

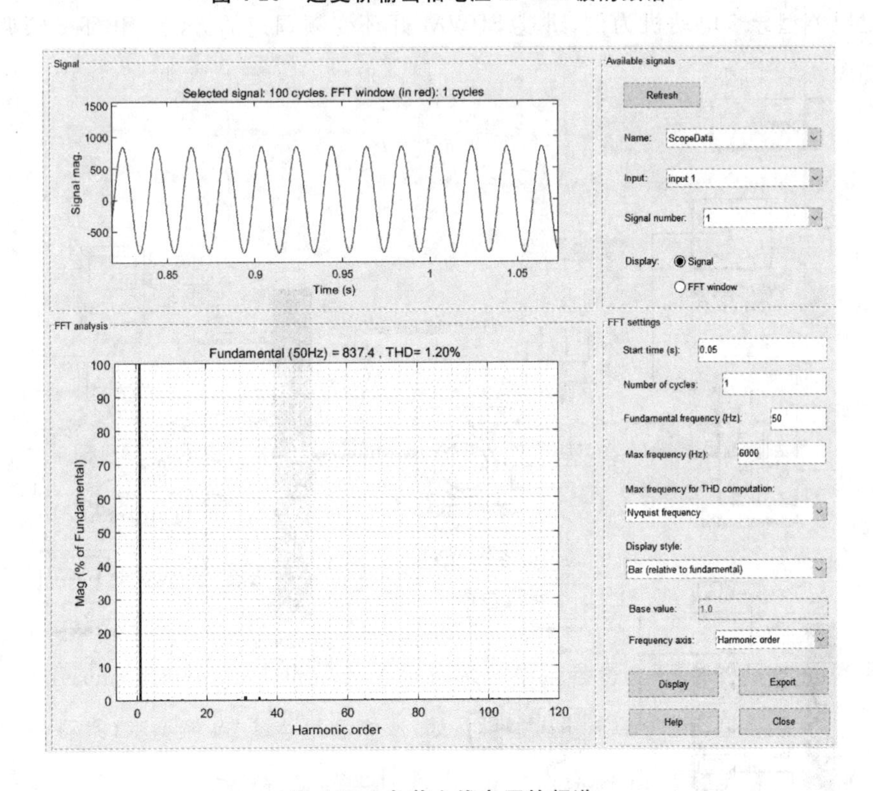

图 4-27　负载上线电压的频谱

4.4 异步电动机变频调速系统的设计

异步电动机变频调速就是采用基于 SPWM 控制的三相桥式电压型逆变主电路的结构，将负载换成异步电动机，通过改变调制度和调制波的频率来控制逆变电路输出三相正弦波的幅值和频率，并在控制方式上进一步优化。具体的原理框图如图 4-28 所示。

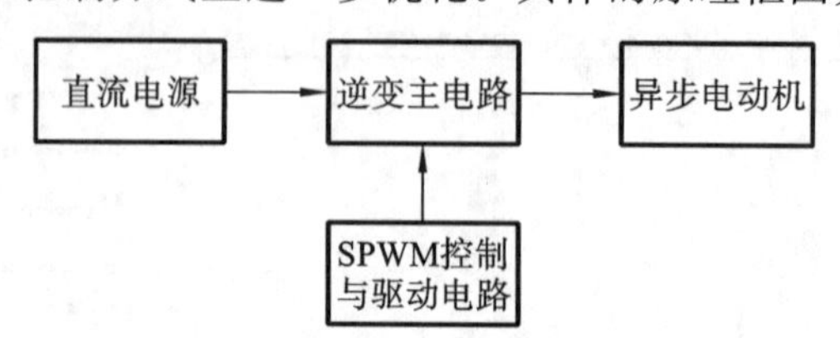

图 4-28　异步电动机变频调速系统原理框图

图 4-28 中的直流电源可以是蓄电池，也可以由电网电压经过整流电路得到。逆变主电路可以是由六个开关管组成的逆变桥。

4.4.1 笼型异步电动机开环变频调速系统

这里以笼型异步电动机为例，讲述 SPWM 开环变频调速的方法。开环变频调速的仿真模型如图 4-29 所示。

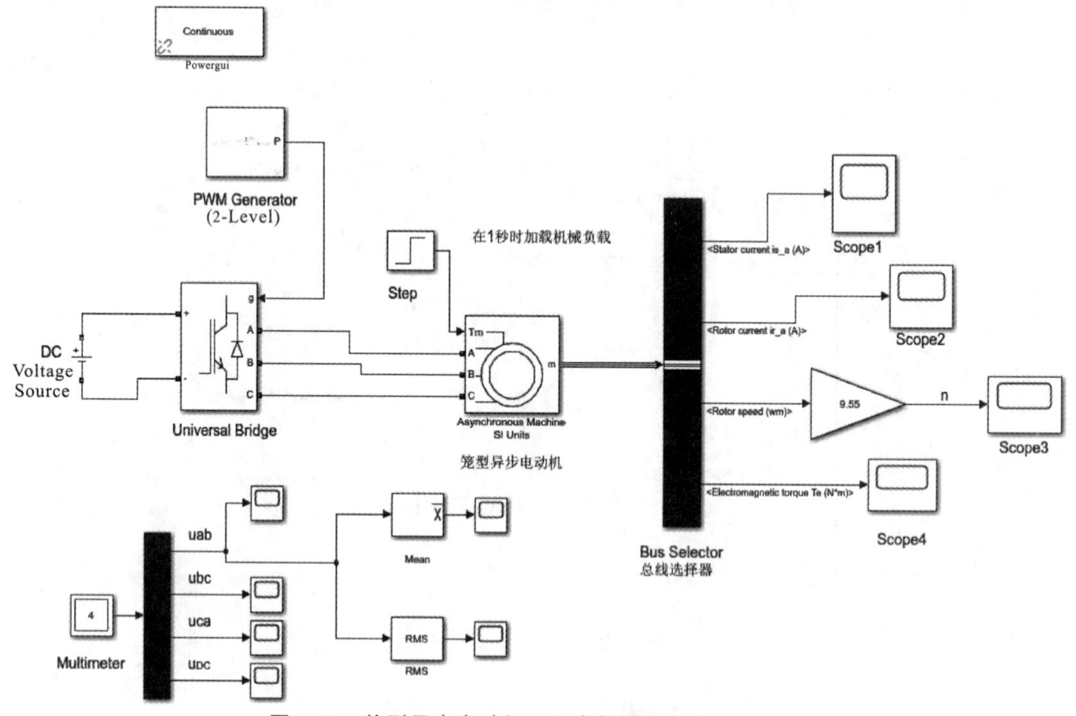

图 4-29　笼型异步电动机开环变频调速系统仿真模型

图 4-29 所示的仿真模型包括直流电压源模块、通用桥模块、异步电机模块、PWM 波发生器模块以及测量模块和示波器模块等。主要模块的提取路径如表 4-7 所示。

表 4-7　笼型异步电动机开环变频调速系统仿真模型中主要模块提取路径

模块名	提取路径
直流电压源模块	Simscape→Electrical→Specialized Power Systems→Fundamental Blocks→Electrical Sources→DC Voltage Source
通用桥模块	Simscape→Electrical→Specialized Power Systems→Fundamental Blocks→Power Electronics→Universal Bridge
PWM 波发生器模块	Simscape→Electrical→Specialized Power Systems→Fundamental Blocks→Power Electronics → Pulse & Signal Generators → PWM Generator (2-Level)
异步电机模块	Simscape→Electrical→Specialized Power Systems→Fundamental Blocks→Machines→Asynchronous Machine SI Units
阶跃信号源模块	Simulink→Sources→Step
有效值测量模块	Simscape→Electrical→Specialized Power Systems→Fundamental Blocks→Measurements→Additional Measurements→RMS
平均值测量模块	Simscape→Electrical→Specialized Power Systems→Fundamental Blocks→Measurements→Additional Measurements→Mean
多路测量模块	Simscape→Electrical→Specialized Power Systems→Fundamental Blocks→Measurements→Multimeter
示波器模块	Simulink→Sinks→Scope

各模块的参数说明如下。

(1) 直流电压源模块提供的电压为 800 V。

(2) 通用桥模块。

在属性对话框中，选择器件(Power electronic device)为“IGBT/Diodes”，Measurements 项勾选“UAB UBC UCA UDC voltages”，也就是使该模块的输出线电压和直流输入电压可供多路测量模块测量，其他参数保留预设值。

(3) PWM 波发生器模块。

在属性对话框中，类型选择三相桥 6 脉冲，载波设置为“27 * 50”Hz，初始角设为 90°，幅值选择默认值“(−1,1)”。调制波选择在内部产生，调制度(Modulation index)设为“0.8”，频率设为 50 Hz。调制度是调制波幅度与载波幅度的比值。

(4) 异步电机模块。

选择19号电机，输出功率为75 kW，额定电压为400 V，额定输入频率为50 Hz，额定转速为1 484 r/min。

(5) 阶跃信号源模块。

初始值设为“0”，设1 s后变为“483”(意思是在1 s时给异步电动机加载483 N·m的机械转矩)。

(6) 多路测量模块。

该模块选择测量通用桥输出的三相线电压 u_{ab}、u_{bc}、u_{ca} 和输入直流电压 U_{DC}。

(7) 总线选择器模块。

在异步电机模块的22个可测量信号中选择4种，即转子电流、定子电流、转速和机械转矩。

(8) 平均值测量模块。

在属性对话框中，频率设为“27 * 50”Hz，与载波的频率一致。

(9) 有效值测量模块。

在属性对话框中，频率设为“50”Hz，与调制波的频率一致。

参数设置好后，选择ode23算法进行仿真。通用桥输出的线电压 u_{AB}(也即 u_{ab})的波形如图4-30所示，电动机定子电流的波形如图4-31所示，电动机转子电流的波形如图4-32所示，电动机机械转矩的波形如图4-33所示，电动机转速的波形如图4-34所示。从图4-34中可以看出，电动机在0.5 s左右达到空载额定转速1 500 r/min，在1 s时加载额定转矩后，转速降为1 483 r/min。线电压 u_{AB} 的平均值如图4-35所示，取平均值的计算周期是 $T=\frac{1}{f_c}=\frac{1}{27\times 50}\ \text{s}=0.74\ \text{ms}$，其中 f_c 为载波的频率。线电压有效值如图4-36所示。对逆变器输出的线电压 u_{AB} 进行频谱分析，结果如图4-37所示。

在电源电压不变(800 V)、电动机机械负载不变(483 N·m)、PWM波发生器模块载波频率不变的情况下改变PWM波发生器模块的调制度可以观察到异步电动机转速和定子输入电压的关系。表4-8所示是调制波频率不变(f_r=50 Hz)、调制度变化后电路各点电压和转速的对照表。在表4-8中，通过改变调制度，改变逆变器输出的线电压的有效值，这个有效值也是定子上电压的有效值。定子线电压有效值从390.9 V下降到245.6 V，电动机带额定负载时的转速只从1 483 r/min变到1 460 r/min，可见不能通过改变定子电压来调速。

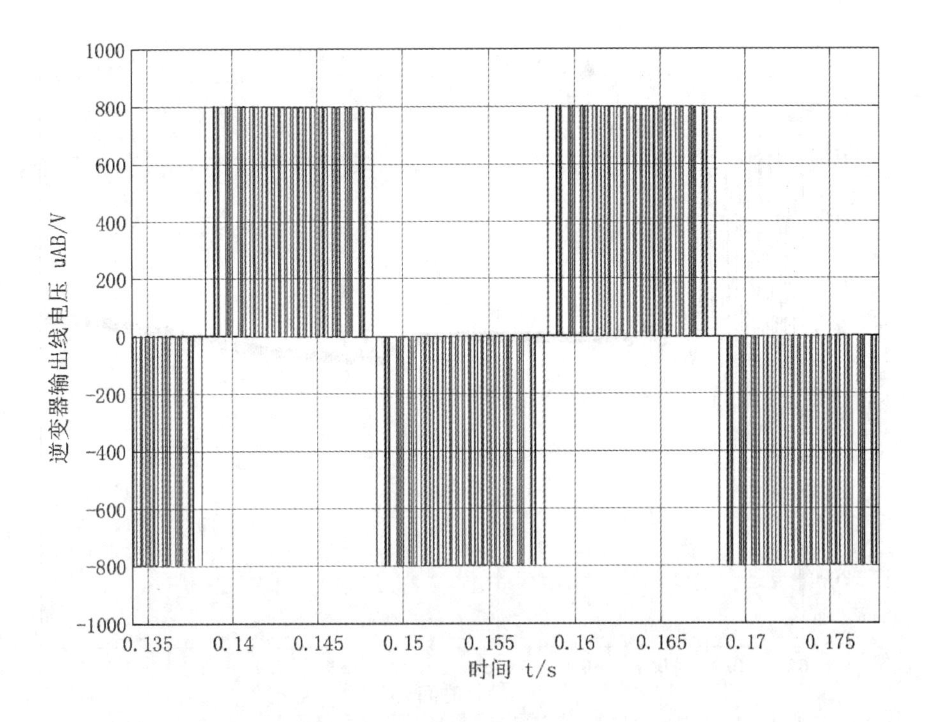

图 4-30　逆变器输出的线电压 u_{AB} 的波形

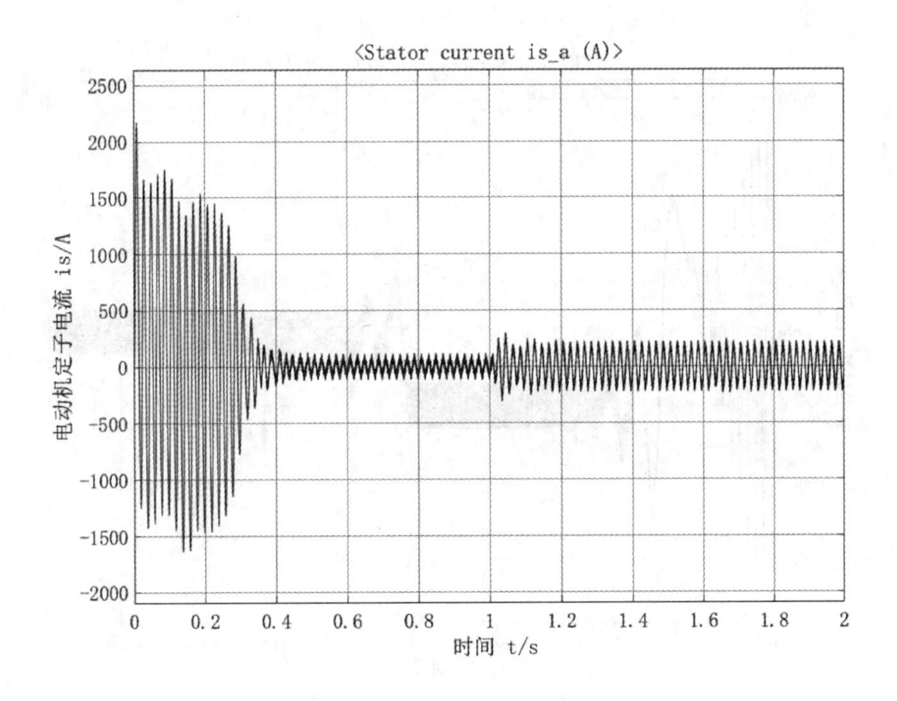

图 4-31　电动机定子电流的波形

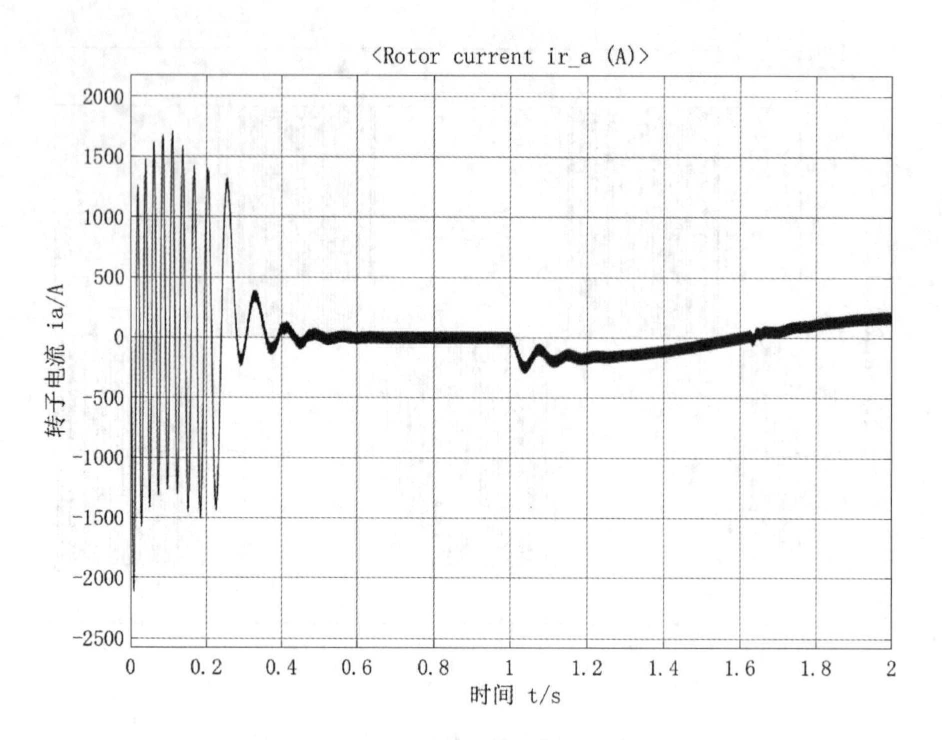

图 4-32　电动机转子电流的波形

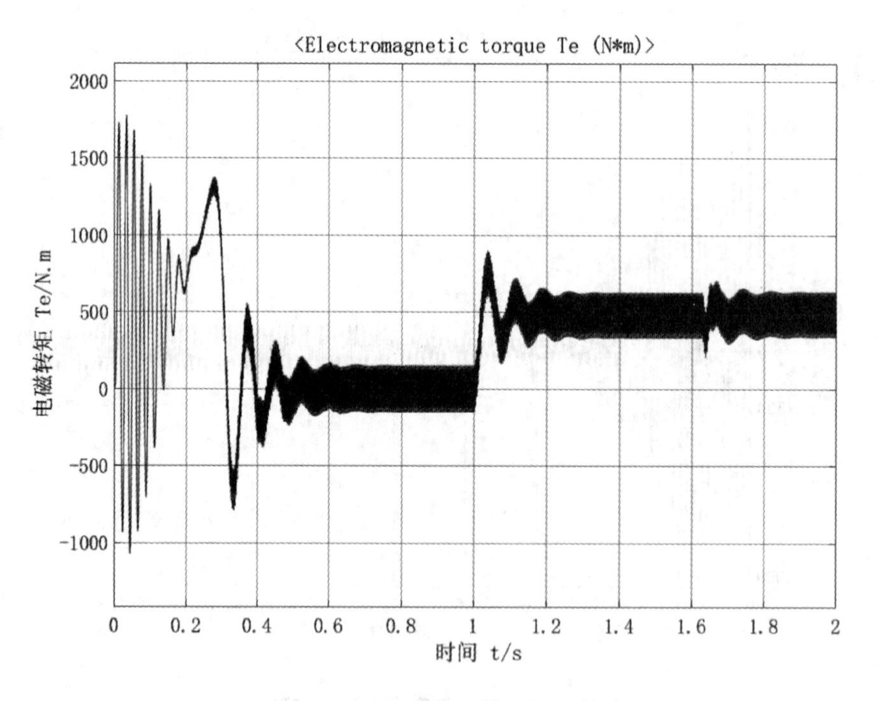

图 4-33　电动机电磁转矩的波形

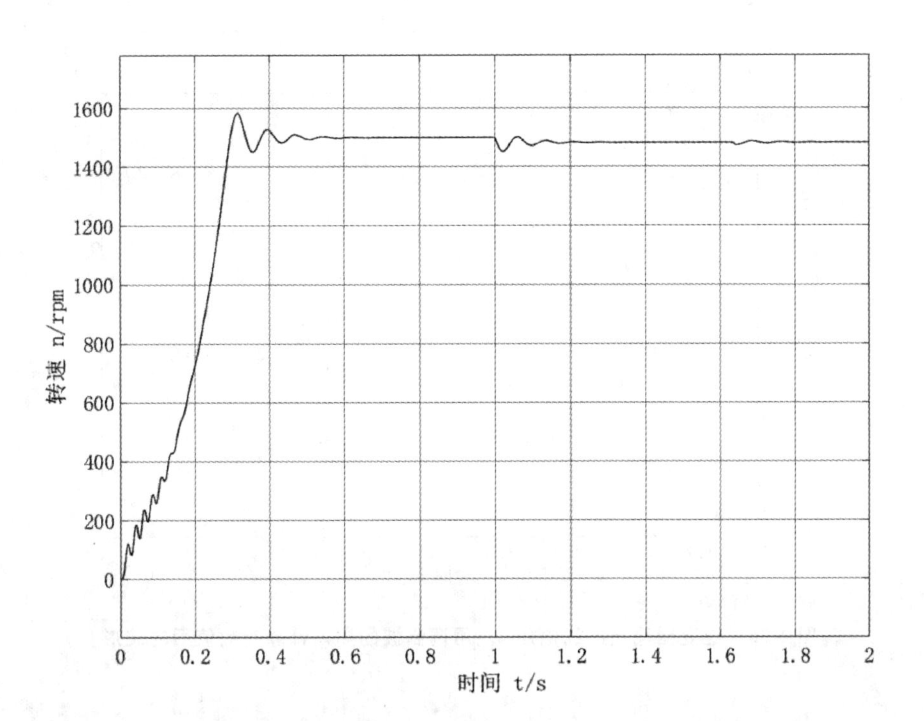

图 4-34　电动机转速的波形

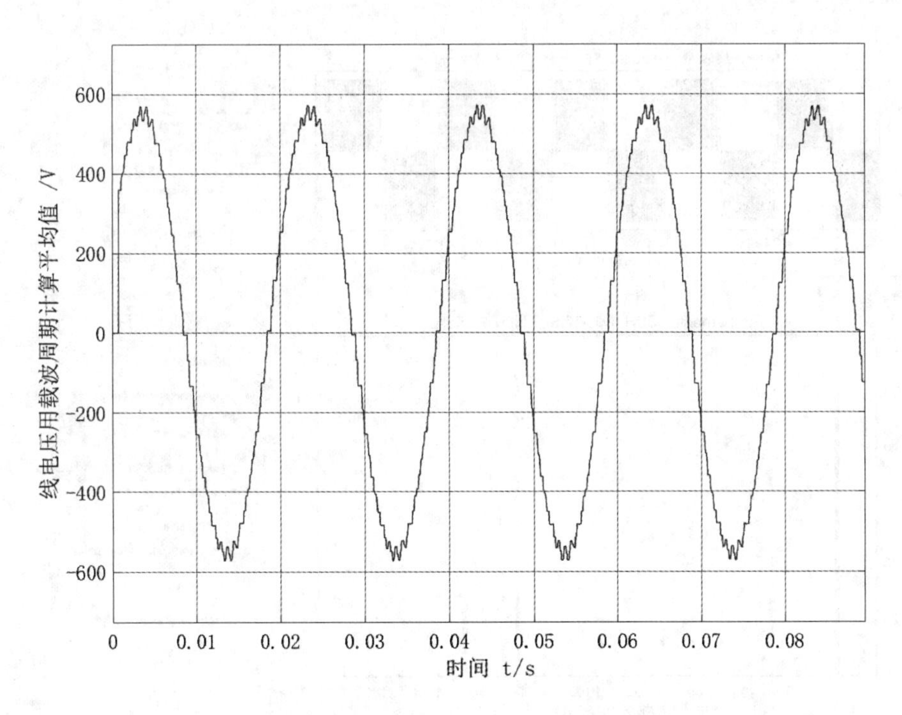

图 4-35　逆变器输出的线电压 u_{AB} 用载波的周期计算平均值后的波形

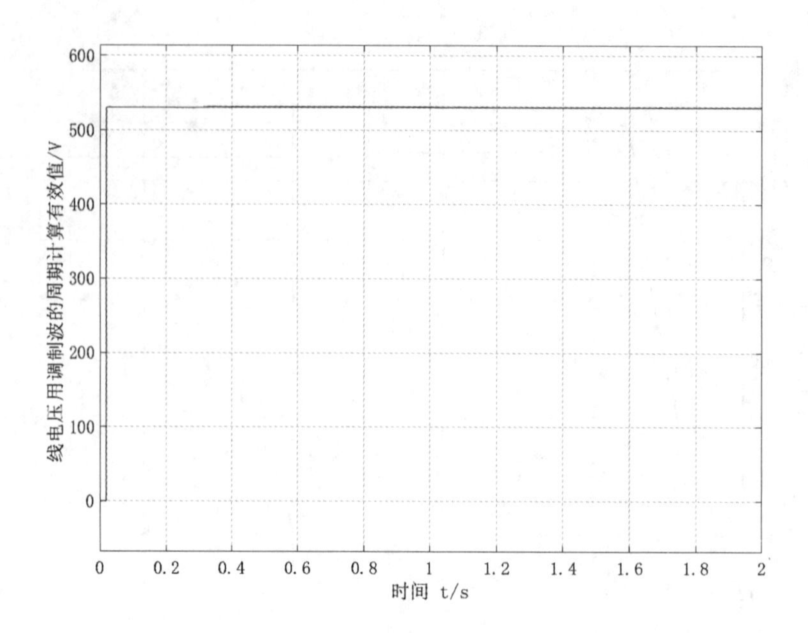

图 4-36　逆变器输出的线电压 u_{AB} 用调制波的周期计算有效值后的波形

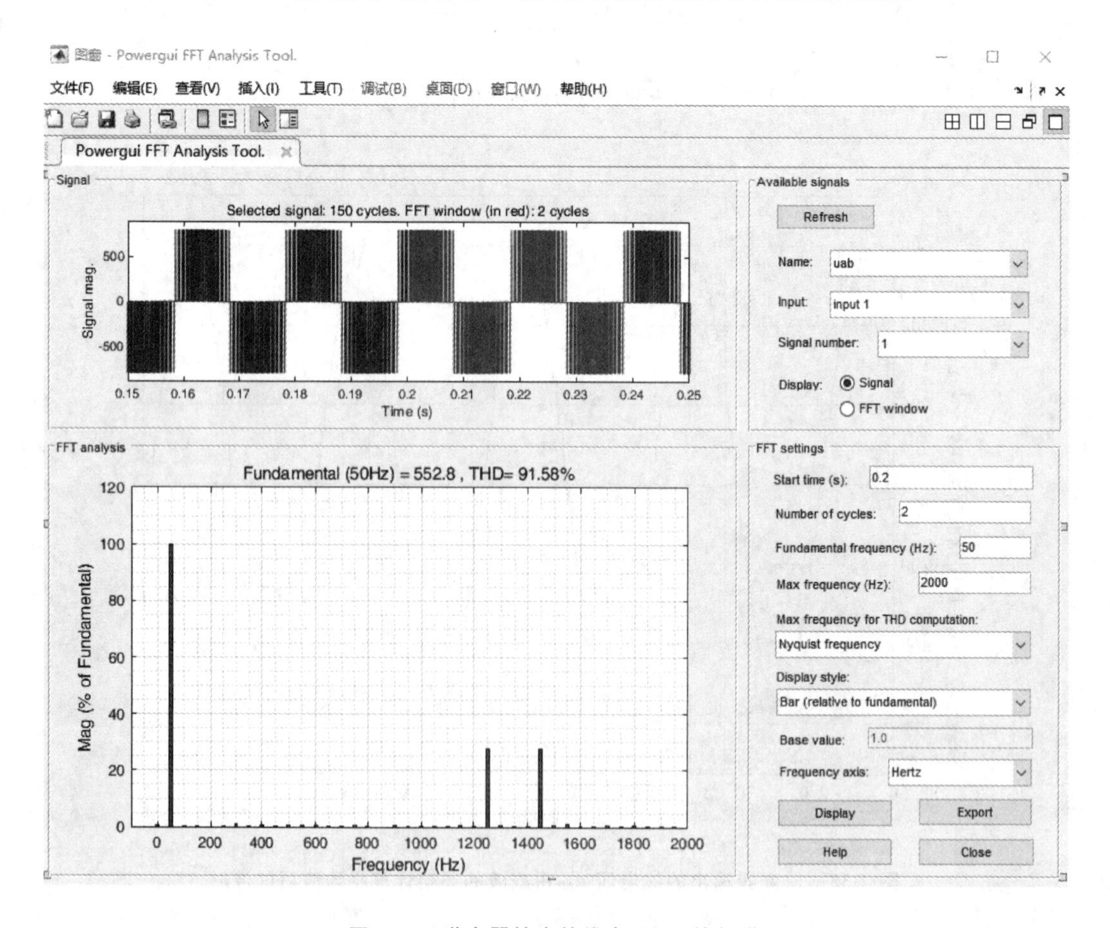

图 4-37　逆变器输出的线电压 u_{AB} 的频谱

表 4-8　异步电动机调制度和电压、转速的关系

调制度	u_{AB}有效值（RMS 模块测出）/V	u_{AB}基波幅值/V	u_{AB}基波有效值/V	带额定负载转速/(r/min)	空载转速/(r/min)
0.8	530	552.8	390.9	1 483	1 500
0.75	514	518.1	366.4	1 480	1 500
0.7	497	483.8	342.1	1 477	1 500
0.65	479	451	319	1 473	1 500
0.6	460	416.4	294.5	1 467	1 500
0.55	440	379.5	268.4	1 460	1 500
0.5	420	347.3	245.6	1 446	1 500

在其他条件都不变，PWM 波发生器模块的调制度为 0.8，只改变 PWM 波发生器模块中调制波的频率，并采用同步调制的情况下，异步电动机转速和调制波频率之间的关系如表 4-9 所示。可以看出，当调制波频率从 50 Hz 降到 35 Hz 时，电动机带额定负载时的转速从 1 483 r/min 降到 1 042 r/min，而调制波的频率也是定子电压基波的频率。所以，调节定子电压的频率是实现笼型异步电动机调速最好的方法之一。

表 4-9　异步电动机转速与调制波频率变化的关系

调制波频率/Hz	载波频率/Hz	u_{AB}有效值（RMS 模块测出）/V	u_{AB}基波幅值/V	u_{AB}基波有效值/V	带额定负载转速/(r/min)	空载转速/(r/min)
50	27×50	530	552.8	390.9	1 483	1 500
45	27×45	530	550.8	389.5	1 336	1 350
40	27×40	530	554.4	392.1	1 189	1 200
35	27×35	530	554.8	392.4	1 042	1 050

4.4.2　基于恒压频比控制的异步电动机变频调速系统

从表 4-9 中可以看出，改变调制波的频率可以实现调频控制，但异步电动机在变频调速时能否仅控制频率呢？根据电机学的原理，三相异步电动机每相气隙感应电动势的有效值表达式为

$$E_g = 4.44 f_1 N_s k_{Ns} \Phi_m \tag{4-9}$$

式中：f_1为定子频率；N_s为定子每相绕组串联匝数；k_{Ns}为定子基波绕组系数；Φ_m为每相气隙磁通量。N_s和k_{Ns}是由电动机结构决定的常数，因此$C = 4.44N_s k_{Ns}$是一个固定的常数。

如果只控制频率而不对电动势进行控制，则磁通量不能维持恒定。磁通量太小，没有充分利用电动机的铁芯是一种浪费；而磁通量过大又会使铁芯饱和，从而导致过大的励磁电流，严重时还会因绕组过热而损坏电动机。因此，最好保持气隙磁通量为额定值。

由 E_g 的表达式可得出 $\Phi_m=\frac{1}{C}\frac{E_g}{f_1}$，可见要使气隙磁通量 Φ_m 不变，就需要对电压 E_g 和频率 f_1 进行协调控制。

压频协调控制时，需要考虑基频以下和基频以上两种情况。在基频以下时，要保持 Φ_m 为常数，只需要使 E_g 和 f_1 的比值恒定。由于异步电动机绕组中的电动势难以直接控制，因此当电动势较高时，可忽略定子电阻和漏抗压降，认为 u_s 近似等于 E_g，这样只要保持 u_s 和 f_1 的比值恒定就能保证气隙磁通量恒定，这就是恒压频比的控制方式。

但是，低频时定子阻抗压降在 u_s 中所占比例提高，如果仍认为 u_s 近似等于 E_g，按照恒压频比控制将导致磁通量大幅下降，使带载能力减弱。这时需要把定子电压抬高一些，以抵抗定子阻抗压降，这就是低频补偿。因此，在基频以下情况下，应该在恒压频比的基础上进行低频补偿。

在基频以上调速时，频率从 f_{1N} 向上升高，受到绝缘耐压和磁路饱和的限制，定子电压不能随之升高，最多只能保持额定电压不变。这将导致磁通量和频率成反比降低，使得异步电动机工作在弱磁状态下。

基于恒压频比控制的异步电动机变频调速系统基本原理如图 4-38 所示。该系统由升降速时间设定单元、低频电压补偿单元、SPWM 控制和驱动电路、电压型逆变电路和三相异步电动机五个环节组成。升降速时间设定单元用来限制电动机的升频速度，避免转速上升过快而造成对电流和转矩的冲击，起软启动控制的作用。

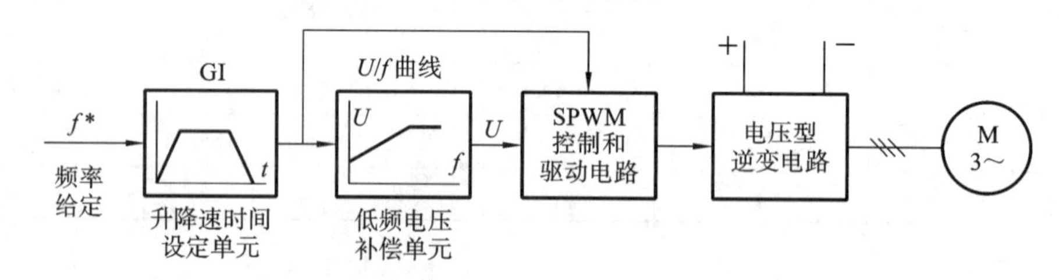

图 4-38　基于恒压频比控制的异步电动机变频调速系统基本原理图

SPWM 控制和驱动电路产生按正弦脉宽调制的驱动信号，用以控制逆变电路。

根据图 4-38 所示的原理，构建基于恒压频比控制的异步电动机变频调速系统仿真模型，如图 4-39 所示。它包括主电路和控制电路。其中主电路与图 4-29 中的主电路相同，控制电路的不同点在于 SPWM 控制模块中的三相调制信号采用外接输入信号。产生三相调制信号的控制部分包括 GI 模块、V/F 模块和函数模块(MATLAB Function)，其中 GI 模块和 V/F 模块是构建的子系统。

GI 模块、V/F 模块的结构分别如图 4-40、图 4-41 所示。

控制电路中新用到的模块及其提取路径如表 4-10 所示。

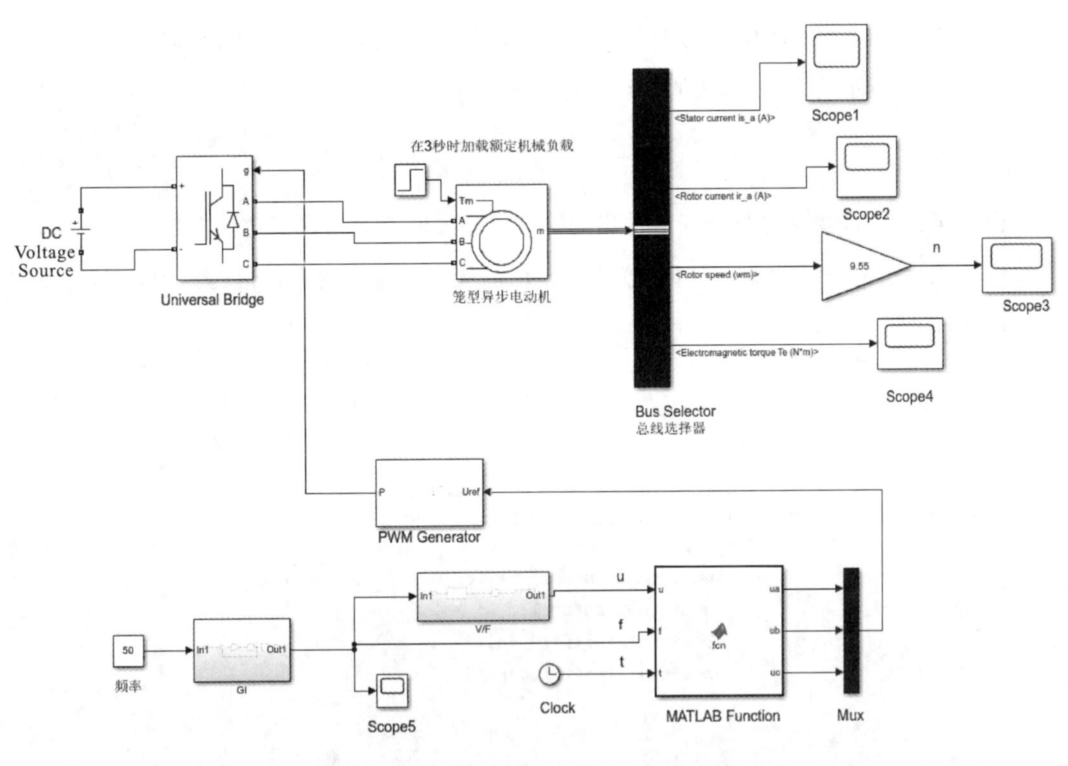

图 4-39　基于恒压频比控制的异步电动机变频调速系统仿真模型

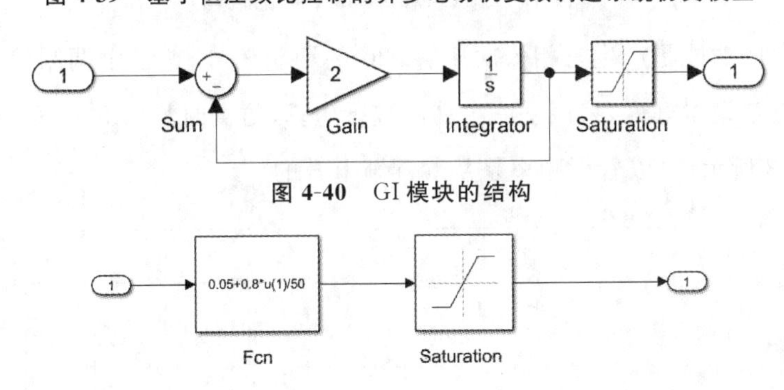

图 4-40　GI 模块的结构

图 4-41　V/F 模块的结构

表 4-10　基于恒压频比控制的异步电动机变频调速系统仿真模型控制电路中新用到的模块及其提取路径

模块名	提取路径
常量模块	Simulink→Sources→Constant
积分器模块	Simulink→Continuous→Integrator
限幅模块	Simulink→Discontinuities→Saturation
Mux 模块	Simulink→Signal Routing→Mux
M 函数模块	Simulink→User-Defined Functions→MATLAB Function
函数模块	Simulink→User-Defined Functions→Fcn
时钟模块	Simulink→Sources→Clock

在图 4-40 所示的 GI 模块的子系统中，增益模块参数设为“2”，限幅参数设为“[－50，50]”。图 4-41 所示的 V/F 模块的原理表达式为

$$u = U_{N} \times \frac{f}{f_{N}} + U_{0} \tag{4-10}$$

由表 4-8 可知，调制度与逆变器输出的线电压基波的有效值成正比。在本例仿真中，当直流电压源提供的电压为 800 V 时，逆变器输出的线电压基波的有效值约为 400 V，所以根据式(4-10)可写出下式：

$$m = m_{N} \times \frac{f}{f_{N}} + m_{0} \tag{4-11}$$

式中，$m_{N} = 0.8$，$m_{0} = 0.05$。

图 4-39 中 MATLAB Function 的代码如图 4-42 所示。

```
function[ua,ub,uc] = fcn( u, f, t)
ua=u*sin(2*pi*f*t);
ub=u*sin(2*pi*f*t-2*pi/3);
uc=u*sin(2*pi*f*t-4*pi/3);

end
```

图 4-42 MATLAB Function **的代码**

这几行代码的功能是产生三相依次滞后 120°的调制信号，这三个调制信号的幅值为调制度。模型及参数设置好后，采用 ode23 算法进行仿真，仿真时长为 5 s。GI 模块输出的频率曲线如图 4-43 所示，可以看出频率是从 0 逐渐上升的。

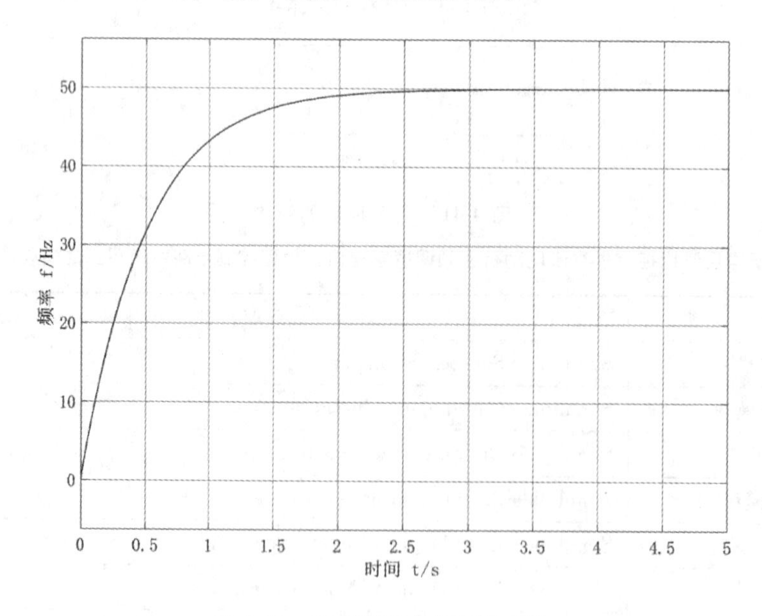

图 4-43 GI **模块输出的频率曲线**

电动机转速的变化情况如图 4-44 所示。

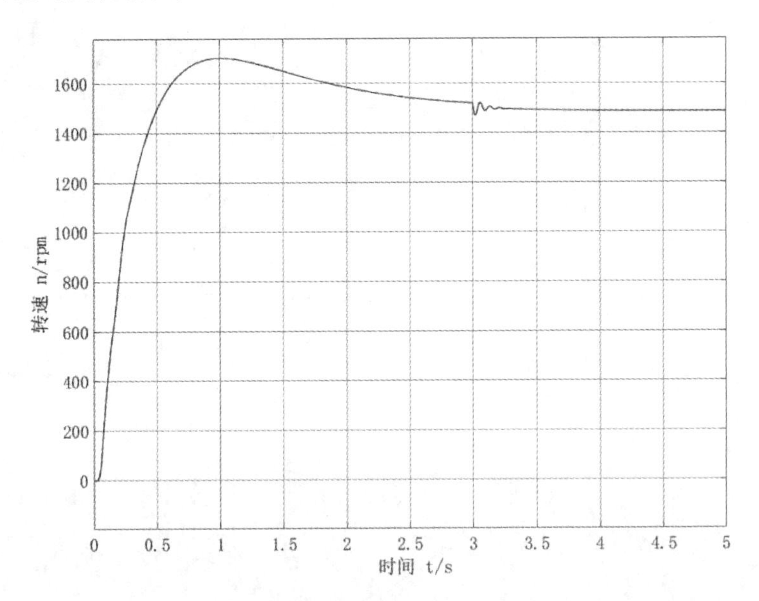

图 4-44　电动机转速曲线

定子电流波形如图 4-45 所示，与直接启动时定子电流的波形相比发现，在启动过程中采用恒压频比控制时定子电流幅度和有效值都小很多。

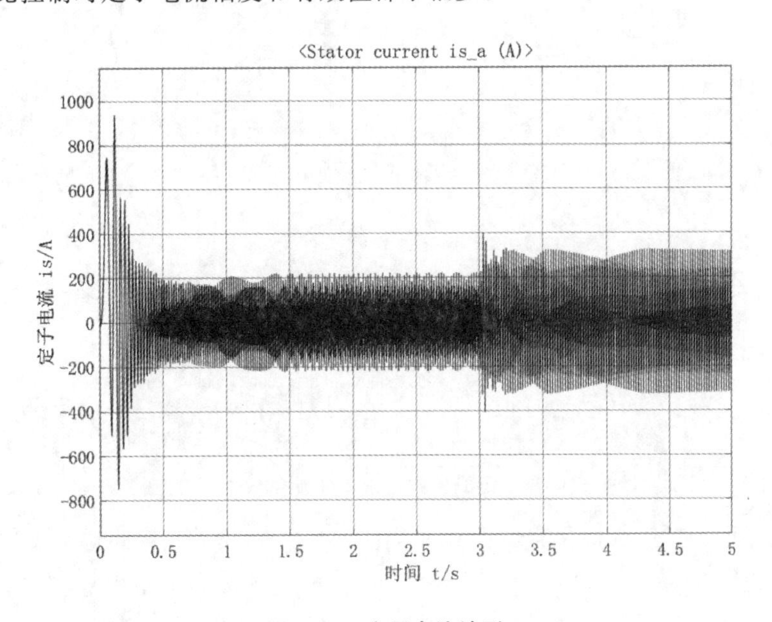

图 4-45　定子电流波形

基于恒压频比控制的异步电动机变频调速系统能够满足大多数场合交流电动机调速控制的要求，并且使用方便，在工程中有非常广泛的应用。

第5章 三电平逆变器仿真项目

5.1 任务简介

随着新能源的不断开发利用以及电力电子技术的发展,电力电子逆变器在分布式电源、特种装备供电系统、微电网中得到了广泛应用。大功率电源场合对逆变器容量、输出电压波形质量以及效率的要求越来越高,三电平逆变器成为研究的热点。

本章任务是分析三电平逆变器的原理,并实现基于电压电流双闭环控制的三电平逆变器仿真。完成本章的学习后,能够达到以下目标。

(1) 掌握三电平逆变器的结构和原理。

(2) 掌握坐标变换的相关知识。

(3) 掌握基于电压电流双闭环控制的三电平逆变器仿真的方法。

5.2 三电平逆变器相关知识

5.2.1 三电平逆变器的基本原理

图 5-1 所示为 NPC(neutral point clamped,中点钳位)型三电平逆变器的拓扑结构。直流侧两个等值电容 C_1、C_2 串联,每个电容分到的电压为 $\frac{U_{dc}}{2}$,并将中点 1 定为中性点;每相桥臂分别有四个 IGBT 模块(1 个 IGBT 反并联 1 个续流二极管)、两个钳位二极管;通过钳位二极管将两个串联 IGBT 模块的中点与两分压电容中点相连接,将串联开关器件的中点电压强行钳位在直流侧的中点电压。采用 LC 滤波,负载是三相对称负载。

以 A 相桥臂为例简要分析 NPC 型三电平逆变器的工作原理。每个桥臂有 4 个开关器

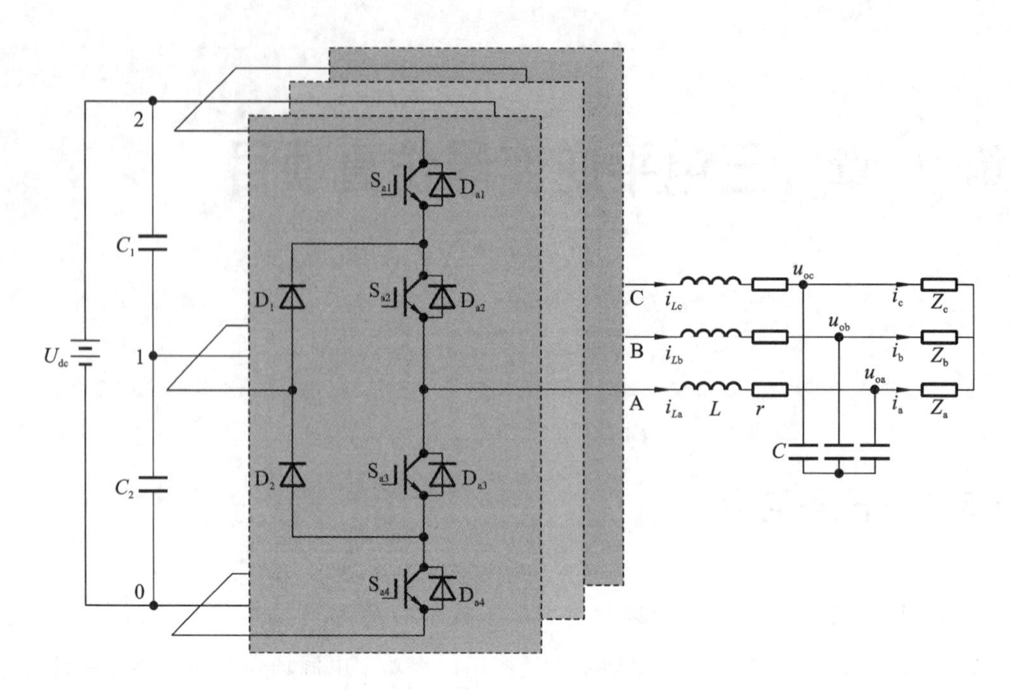

图 5-1　NPC 型三电平逆变器的拓扑结构

件，开关状态有 16 种，由于开关器件 S_{a1} 与 S_{a3}、S_{a2} 与 S_{a4} 是逻辑非的关系，因此有效的开关状态只有 3 种，下面分别分析这 3 种开关状态。

当开关管 S_{a1}、S_{a2} 同时导通（S_{a3}、S_{a4} 同时关断）时：当电感电流流出桥臂中点时，电流从直流侧电源正极流经开关管 S_{a1}、S_{a2} 到达输出端；当电感电流流入桥臂中点时，电流从输出端经续流二极管 D_{a2}、D_{a1} 到达电源正极。不论电感电流流入还是流出，输出端 A 点相对于中性点的电压均为 $U_{dc}/2$。该种状态记为 p。

当开关管 S_{a2}、S_{a3} 同时导通（S_{a1}、S_{a4} 同时关断）时：当电感电流流出桥臂中点时，电流从直流侧中点经钳位二极管 D_1、开关管 S_{a2} 到达输出端；当电感电流流入桥臂中点时，电流从输出端经开关管 S_{a3}、钳位二极管 D_2 到达直流侧中点。不论电感电流流入还是流出，输出端 A 点与电源中点均短接，输出端相对于中性点的电压均为 0。该种状态记为 o。

当开关管 S_{a3}、S_{a4} 同时导通（S_{a1}、S_{a2} 同时关断）时：当电感电流流出桥臂中点时，电流从直流侧电源负极流经 D_{a4}、D_{a3} 到达输出端；当电感电流流入桥臂中点时，电流从输出端经开关管 S_{a3}、S_{a4} 到达输出端电源负极。不论电感电流流入还是流出，输出端 A 点相对于电源中点的电压均为 $-U_{dc}/2$。该种状态记为 n。

从上面的叙述可知，输出端 A 点共有三种电平，分别为 $U_{dc}/2$、0、$-U_{dc}/2$，因此称为三电平逆变。为了实现三电平逆变，控制电路同样可以采用调制法：三相共用两个高频载波，三相调制波频率相同、相位依次滞后 120°。以 A 相为例，载波、调制波、PWM 波和 A 点输出波形如图 5-2 所示。

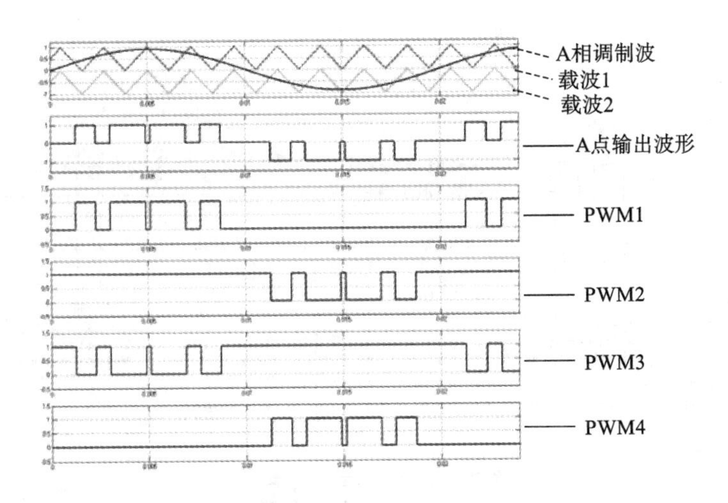

图 5-2　三电平逆变器 A 相载波、调制波及 PWM 波和 A 点输出波形

从图 5-2 中可以看出，A 相调制波相位为 0°，频率为 50 Hz；载波有两个，载波 1 的负峰值为“0”、正峰值为“1”，载波 2 是将载波 1 向下平移“1”而得到的。将 A 相调制波与载波 1 进行比较，当 A 相调制波大于载波 1 时，输出高电平；当 A 相调制波小于载波 1 时，输出低电平。这个输出作为 PWM1，PWM4 的波形与 PWM1 的波形相反。将 A 相调制波与载波 2 进行比较，当 A 相调制波大于载波 2 时，输出高电平；当 A 相调制波小于载波 2 时，输出低电平。这个输出作为 PWM2，PWM3 的波形与 PWM2 的波形相反。PWM1、PWM2、PWM3、PWM4 分别是驱动开关管 S_{a1}、S_{a2}、S_{a3}、S_{a4} 的 PWM 波。根据这样的驱动规则，搭建了基于开环控制的三电平逆变器仿真模型，如图 5-3 所示。它包括三电平逆变桥子系统、LC 滤波器、三相平衡负载(LOAD)、两个三相测量模块和 PWM 驱动控制电路子系统。其中，三电平逆变桥子系统如图 5-4 所示，PWM 驱动控制子系统如图 5-5 所示。

在图 5-5 中，A 相调制波、B 相调制波、C 相调制波是频率为 50 Hz、幅度为“1”、相位依次滞后 120°的正弦波。载波 1 和载波 2 采用 Repeating Sequence 模块，频率为 15 kHz。其中，载波 1 属性设置如图 5-6 所示，载波 2 属性设置如图 5-7 所示。

运行图 5-3 所示的仿真模型，负载上输出的线电压和相电流的波形如图 5-8 所示。负载上输出的线电压和相电流都是正弦波。改变线电压的幅值和频率，可以通过改变调制波的幅值和频率来实现。但在负载有波动时，基于开环控制的三相三电平逆变器输出的电压会不稳定。因此，在实际中，需要进行闭环控制，而闭环控制则需要进行坐标变换。

5.2.2　坐标变换

Simulink 中从三相静止 abc 坐标系变换到两相静止 $\alpha\beta$ 坐标系称为 Clark 变换。从两

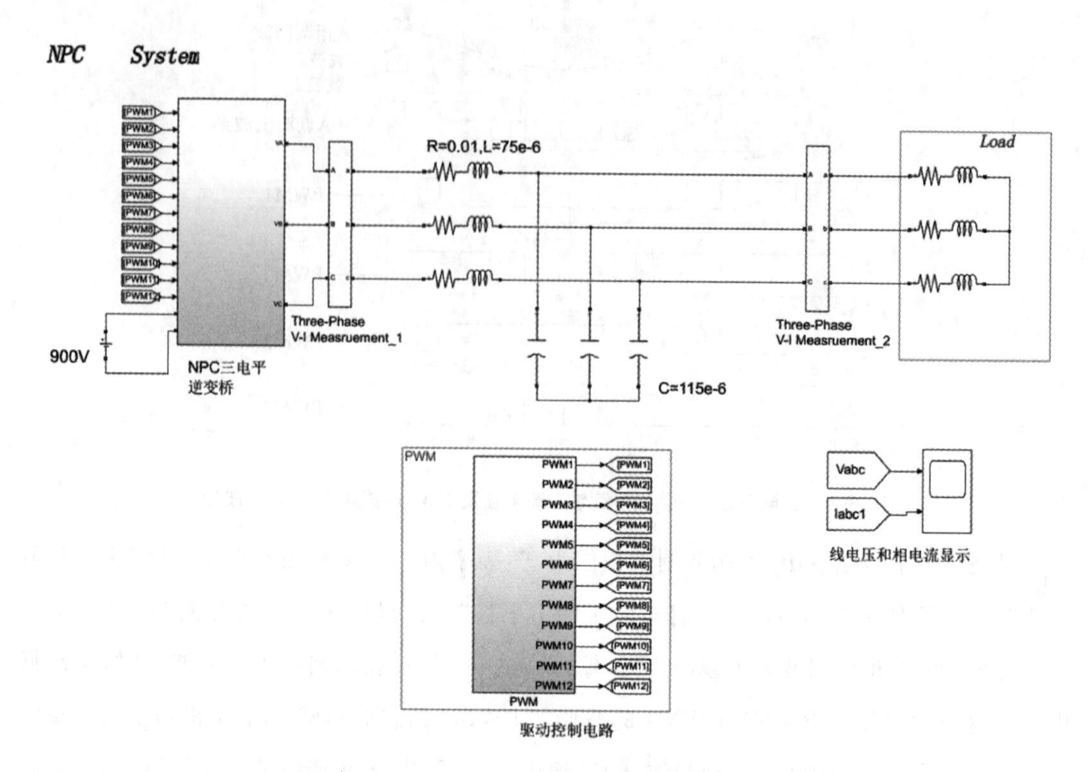

图 5-3 基于开环控制的三相三电平逆变器仿真模型

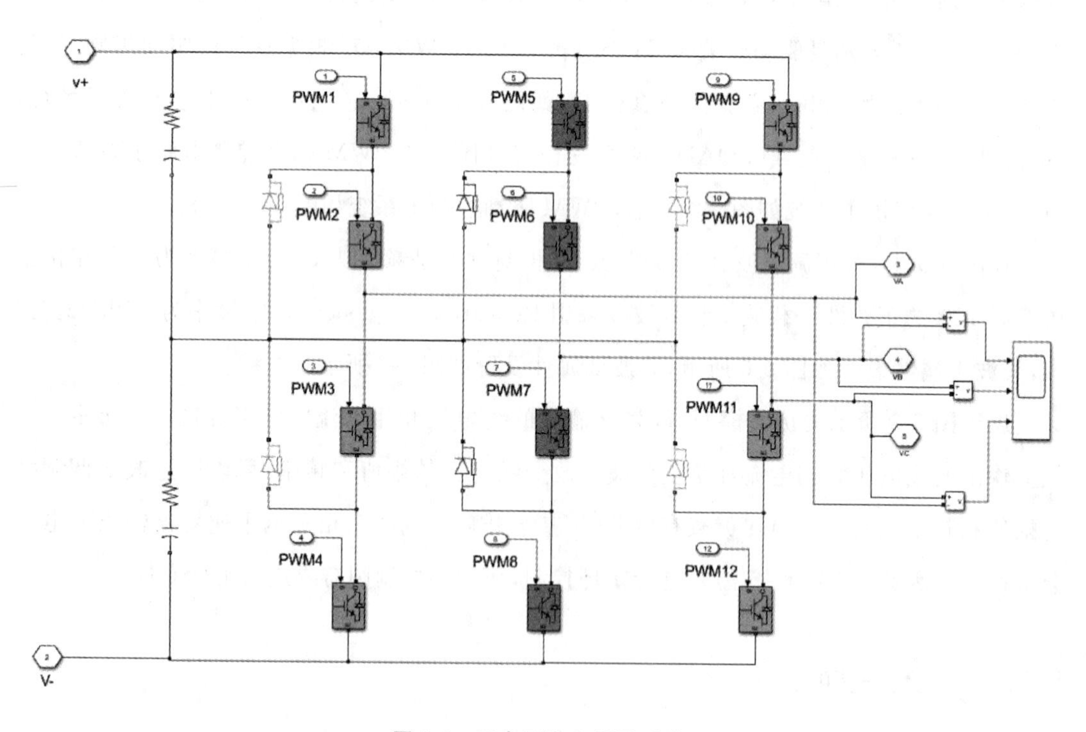

图 5-4 三电平逆变桥子系统

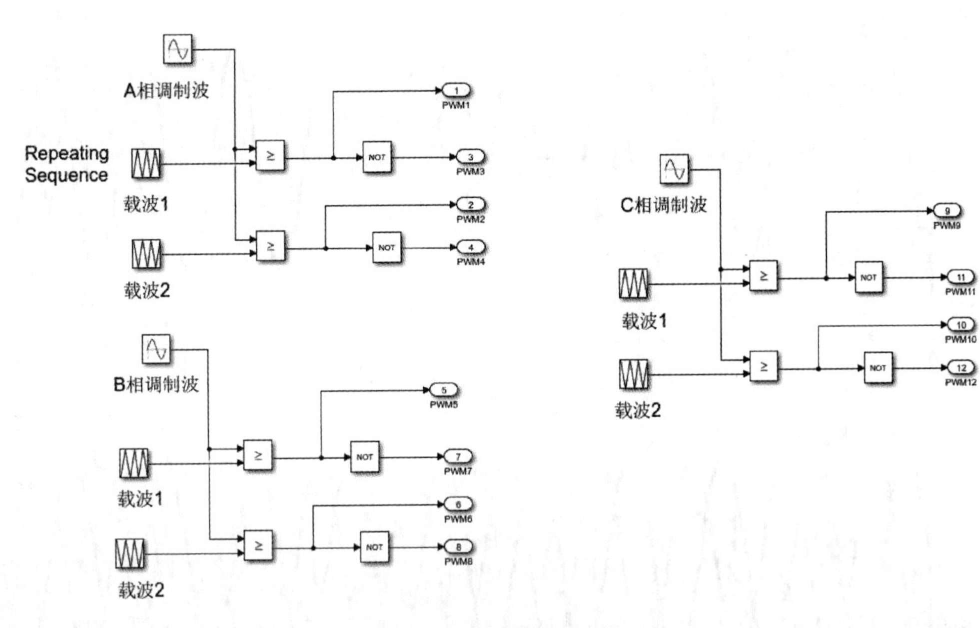

图 5-5　PWM 驱动控制子系统

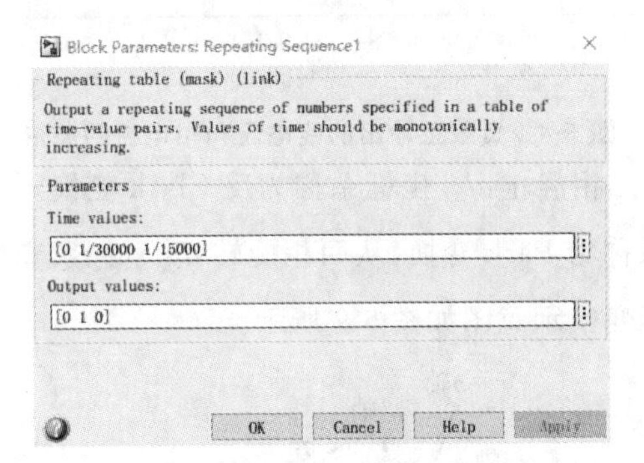

图 5-6　载波 1 属性设置

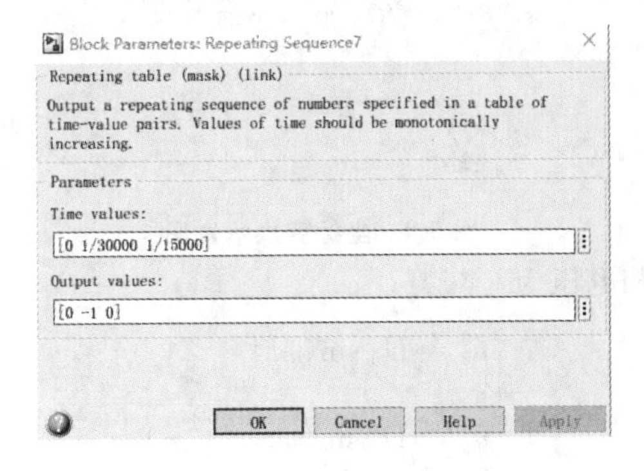

图 5-7　载波 2 属性设置

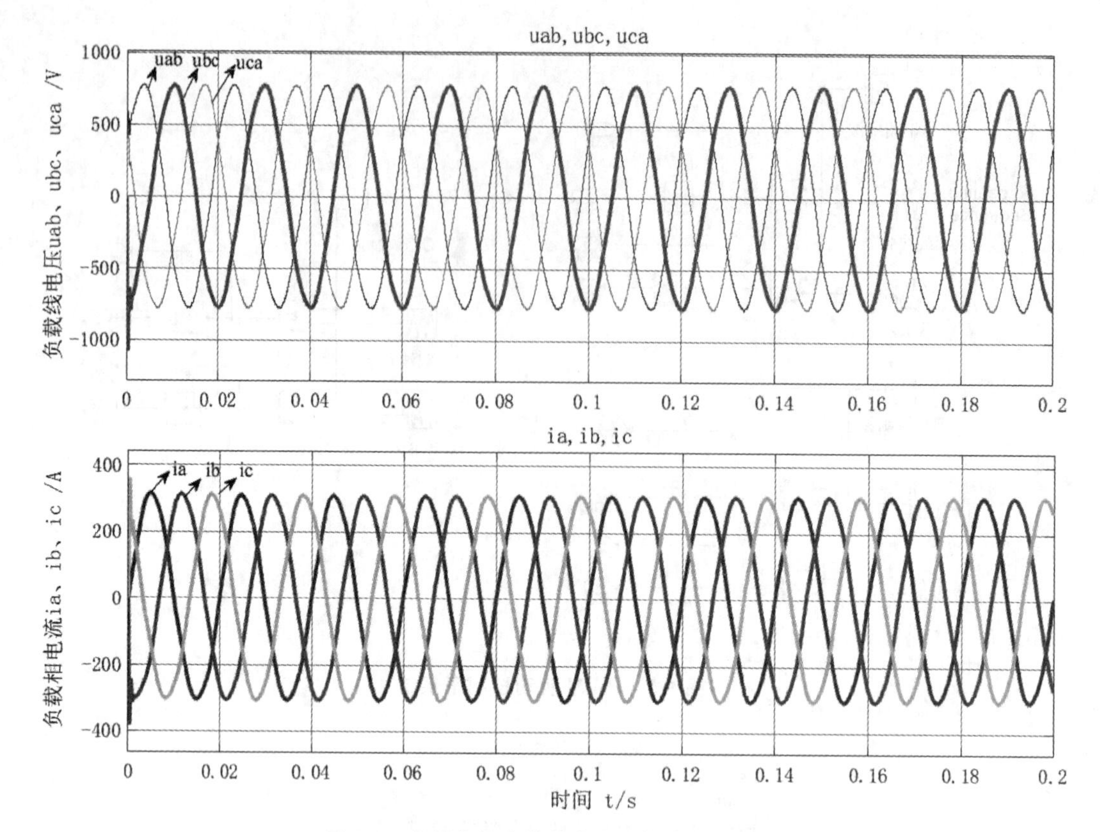

图 5-8　负载上输出的线电压和相电流的波形

相静止 $\alpha\beta$ 坐标系变换到三相静止 abc 坐标系称为反 Clark 变换。从三相静止 abc 坐标系变换到两相旋转 dq 坐标系称为 Park 变换，从两相旋转 dq 坐标系变换到三相静止 abc 坐标系称为反 Park 变换。坐标变换示意图如图 5-9 所示。

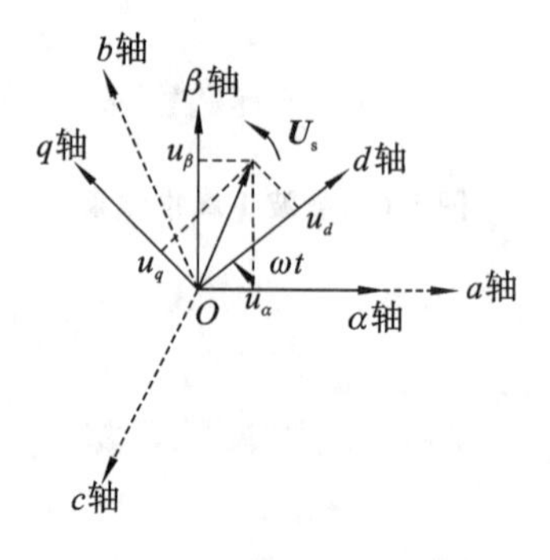

图 5-9　坐标变换示意图

设三相交流系统各相电压为

$$
\begin{cases}
u_{\mathrm{a}} = U_{\mathrm{m}}\sin(\omega t) \\
u_{\mathrm{b}} = U_{\mathrm{m}}\sin\left(\omega t - \dfrac{2}{3}\pi\right) \\
u_{\mathrm{c}} = U_{\mathrm{m}}\sin\left(\omega t + \dfrac{2}{3}\pi\right)
\end{cases}
\tag{5-1}
$$

则 Clark 变换为

$$\begin{bmatrix} u_\alpha \\ u_\beta \\ u_0 \end{bmatrix} = \boldsymbol{A} \begin{bmatrix} u_a \\ u_b \\ u_c \end{bmatrix} = \begin{bmatrix} \frac{2}{3} & -\frac{1}{3} & -\frac{1}{3} \\ 0 & \frac{1}{\sqrt{3}} & \frac{-1}{\sqrt{3}} \\ \frac{1}{3} & \frac{1}{3} & \frac{1}{3} \end{bmatrix} \begin{bmatrix} u_a \\ u_b \\ u_c \end{bmatrix} \tag{5-2}$$

由于三相电压对称，即 $u_a + u_b + u_c = 0$，因此在 Clark 变换中，$u_0 = 0$。

反 Clark 变换为

$$\begin{bmatrix} u_a \\ u_b \\ u_c \end{bmatrix} = \boldsymbol{A}^{-1} \begin{bmatrix} u_\alpha \\ u_\beta \\ u_0 \end{bmatrix} = \begin{bmatrix} 1 & 0 & 1 \\ \frac{-1}{2} & \frac{\sqrt{3}}{2} & 1 \\ \frac{-1}{2} & -\frac{\sqrt{3}}{2} & 1 \end{bmatrix} \begin{bmatrix} u_\alpha \\ u_\beta \\ u_0 \end{bmatrix} \tag{5-3}$$

旋转向量 $\boldsymbol{U}_s$ 为

$$\boldsymbol{U}_s = u_\alpha + \mathrm{j}u_\beta = \frac{2}{3}(u_a + u_b \cdot \mathrm{e}^{\frac{\mathrm{j}2\pi}{3}} + u_c \cdot \mathrm{e}^{-\frac{\mathrm{j}2\pi}{3}}) \tag{5-4}$$

Park 变换为

$$\begin{bmatrix} u_d \\ u_q \\ u_0 \end{bmatrix} = \frac{2}{3} \begin{bmatrix} \cos(\omega t) & \cos(\omega t - \frac{2}{3}\pi) & \cos(\omega t + \frac{2}{3}\pi) \\ -\sin(\omega t) & -\sin(\omega t - \frac{2}{3}\pi) & -\sin(\omega t + \frac{2}{3}\pi) \\ \frac{1}{2} & \frac{1}{2} & \frac{1}{2} \end{bmatrix} \begin{bmatrix} u_a \\ u_b \\ u_c \end{bmatrix} \tag{5-5}$$

由于三相电压对称，即 $u_a + u_b + u_c = 0$，因此在 Park 变换中，$u_0 = 0$。

反 Park 变换为

$$\begin{bmatrix} u_a \\ u_b \\ u_c \end{bmatrix} = \begin{bmatrix} \cos(\omega t) & -\sin(\omega t) & 1 \\ \cos(\omega t - \frac{2}{3}\pi) & -\sin(\omega t - \frac{2}{3}\pi) & 1 \\ \cos(\omega t + \frac{2}{3}\pi) & -\sin(\omega t + \frac{2}{3}\pi) & 1 \end{bmatrix} \begin{bmatrix} u_d \\ u_q \\ u_0 \end{bmatrix} \tag{5-6}$$

5.2.3　三电平逆变器建模与分析

以图 5-1 所示的拓扑结构为例，基于状态空间平均法求解 NPC 型三电平逆变器在不同坐标系下的数学模型。设 i_{La}、i_{Lb}、i_{Lc} 和 i_a、i_b、i_c 以及 u_{oa}、u_{ob}、u_{oc} 分别为三相电感电流、负载电流、输出电压。将桥臂中点 A、B、C 三点的输出电压分别设为 u_a、u_b 和 u_c。

1. 三相静止 *abc* 坐标系下三电平逆变器的数学模型

根据基尔霍夫电流定律和基尔霍夫电压定律可以得到

$$\begin{cases} C\dfrac{\mathrm{d}u_{oa}}{\mathrm{d}t} = i_{La} - i_a \\ C\dfrac{\mathrm{d}u_{ob}}{\mathrm{d}t} = i_{Lb} - i_b \\ C\dfrac{\mathrm{d}u_{oc}}{\mathrm{d}t} = i_{Lc} - i_c \end{cases} \tag{5-7}$$

$$\begin{cases} L\dfrac{\mathrm{d}i_{La}}{\mathrm{d}t} = u_a - u_{oa} - ri_{La} \\ L\dfrac{\mathrm{d}i_{Lb}}{\mathrm{d}t} = u_b - u_{ob} - ri_{Lb} \\ L\dfrac{\mathrm{d}i_{Lc}}{\mathrm{d}t} = u_c - u_{oc} - ri_{Lc} \end{cases} \tag{5-8}$$

可以得出三电平逆变器在三相静止 *abc* 坐标系下的状态方程：

$$\frac{\mathrm{d}}{\mathrm{d}t}\begin{bmatrix} i_{La} \\ i_{Lb} \\ i_{Lc} \\ u_{oa} \\ u_{ob} \\ u_{oc} \end{bmatrix} = \begin{bmatrix} -\frac{r}{L} & 0 & 0 & -\frac{1}{L} & 0 & 0 \\ 0 & -\frac{r}{L} & 0 & 0 & -\frac{1}{L} & 0 \\ 0 & 0 & -\frac{r}{L} & 0 & 0 & -\frac{1}{L} \\ \frac{1}{C} & 0 & 0 & 0 & 0 & 0 \\ 0 & \frac{1}{C} & 0 & 0 & 0 & 0 \\ 0 & 0 & \frac{1}{C} & 0 & 0 & 0 \end{bmatrix} \begin{bmatrix} i_{La} \\ i_{Lb} \\ i_{Lc} \\ u_{oa} \\ u_{ob} \\ u_{oc} \end{bmatrix}$$

$$+ \begin{bmatrix} 0 & 0 & 0 & -\frac{1}{L} & 0 & 0 \\ 0 & 0 & 0 & 0 & -\frac{1}{L} & 0 \\ 0 & 0 & 0 & 0 & 0 & -\frac{1}{L} \\ -\frac{1}{C} & 0 & 0 & 0 & 0 & 0 \\ 0 & -\frac{1}{C} & 0 & 0 & 0 & 0 \\ 0 & 0 & -\frac{1}{C} & 0 & 0 & 0 \end{bmatrix} \begin{bmatrix} i_a \\ i_b \\ i_c \\ u_a \\ u_b \\ u_c \end{bmatrix} \tag{5-9}$$

式(5-9)即为三电平逆变器在三相静止 abc 坐标系下的数学模型。

2. 两相静止 $\alpha\beta$ 坐标系下三电平逆变器的数学模型

$$\boldsymbol{A}=\frac{2}{3}\begin{bmatrix}1 & -\frac{1}{2} & -\frac{1}{2}\\ 0 & \frac{\sqrt{3}}{2} & -\frac{\sqrt{3}}{2}\end{bmatrix},\quad \boldsymbol{A}^{-1}=\begin{bmatrix}1 & 0\\ -\frac{1}{2} & \frac{\sqrt{3}}{2}\\ -\frac{1}{2} & -\frac{\sqrt{3}}{2}\end{bmatrix} \tag{5-10}$$

$$\frac{\mathrm{d}}{\mathrm{d}t}\begin{bmatrix}i_{L\alpha}\\ i_{L\beta}\\ u_{o\alpha}\\ u_{o\beta}\end{bmatrix}=\begin{bmatrix}-\frac{r}{L} & 0 & -\frac{1}{L} & 0\\ 0 & -\frac{r}{L} & 0 & -\frac{1}{L}\\ \frac{1}{C} & 0 & 0 & 0\\ 0 & \frac{1}{C} & 0 & 0\end{bmatrix}\begin{bmatrix}i_{L\alpha}\\ i_{L\beta}\\ u_{o\alpha}\\ u_{o\beta}\end{bmatrix}+\begin{bmatrix}0 & 0 & \frac{1}{L} & 0\\ 0 & 0 & 0 & \frac{1}{L}\\ -\frac{1}{C} & 0 & 0 & 0\\ 0 & -\frac{1}{C} & 0 & 0\end{bmatrix}\begin{bmatrix}i_{\alpha}\\ i_{\beta}\\ u_{\alpha}\\ u_{\beta}\end{bmatrix} \tag{5-11}$$

式(5-11)即为三电平逆变器在两相静止 $\alpha\beta$ 坐标系下的数学模型。据此可得到被控对象在 s 域下的系统结构如图 5-10 所示,可见状态变量在两相静止 $\alpha\beta$ 坐标系下不存在耦合关系,无须解耦控制。

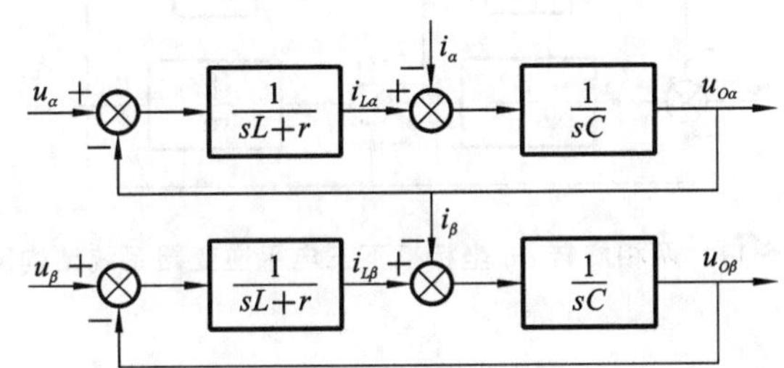

图 5-10　两相静止 $\alpha\beta$ 坐标系下三电平逆变器系统结构图

3. 两相旋转 dq 坐标系下的数学模型

Park 变换矩阵和反变换矩阵为

$$\boldsymbol{P}=\frac{2}{3}\begin{bmatrix}\cos(\omega t) & \cos(\omega t-\frac{2}{3}\pi) & \cos(\omega t+\frac{2}{3}\pi)\\ -\sin(\omega t) & -\sin(\omega t-\frac{2}{3}\pi) & -\sin(\omega t+\frac{2}{3}\pi)\\ \frac{1}{2} & \frac{1}{2} & \frac{1}{2}\end{bmatrix} \tag{5-12}$$

$$\boldsymbol{P}^{-1}=\begin{bmatrix}\cos(\omega t) & -\sin(\omega t) & 1\\ \cos(\omega t-\frac{2}{3}\pi) & -\sin(\omega t-\frac{2}{3}\pi) & 1\\ \cos(\omega t+\frac{2}{3}\pi) & -\sin(\omega t+\frac{2}{3}\pi) & 1\end{bmatrix} \tag{5-13}$$

进而得

$$\frac{\mathrm{d}}{\mathrm{d}t}\begin{bmatrix} i_{Ld} \\ i_{Lq} \\ u_{od} \\ u_{oq} \end{bmatrix} = \begin{bmatrix} -\frac{r}{L} & \omega & -\frac{1}{L} & 0 \\ -\omega & -\frac{r}{L} & 0 & -\frac{1}{L} \\ \frac{1}{C} & 0 & 0 & \omega \\ 0 & \frac{1}{C} & -\omega & 0 \end{bmatrix} \begin{bmatrix} i_{Ld} \\ i_{Lq} \\ u_{od} \\ u_{oq} \end{bmatrix} + \begin{bmatrix} 0 & 0 & \frac{1}{L} & 0 \\ 0 & 0 & 0 & \frac{1}{L} \\ -\frac{1}{C} & 0 & 0 & 0 \\ 0 & -\frac{1}{C} & 0 & 0 \end{bmatrix} \begin{bmatrix} i_d \\ i_q \\ u_d \\ u_q \end{bmatrix} \tag{5-14}$$

式(5-14)即为三电平逆变器在两相旋转 dq 坐标系下的数学模型。据此可得到被控对象在 s 域下的系统结构如图 5-11 所示，状态变量在 dq 坐标系下存在耦合关系，必须进行解耦后才能对系统进行控制。

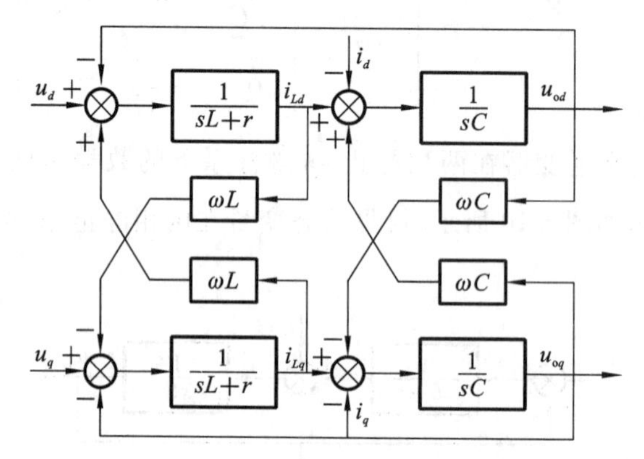

图 5-11　两相旋转 dq 坐标系下三电平逆变器系统结构图

5.3　基于闭环控制的三电平逆变器仿真模型

根据图 5-11 得到 NPC 型三电平逆变器在两相旋转 dq 坐标系下的模型如下：

$$\begin{cases} u_d = (sL + r)i_{Ld} - \omega L i_{Lq} + u_{od} \\ u_q = (sL + r)i_{Lq} + \omega L i_{Ld} + u_{oq} \end{cases} \tag{5-15}$$

$$\begin{cases} i_{Ld} = sCu_{od} - \omega Cu_{oq} + i_d \\ i_{Lq} = sCu_{oq} + \omega Cu_{od} + i_q \end{cases} \tag{5-16}$$

根据式(5-15)和式(5-16)，采用前馈 dq 解耦控制，并选用 PI 控制器，搭建基于闭环控制的 NPC 型三电平逆变器仿真模型如图 5-12 所示。

与基于开环控制的三相三电平逆变器相比，只是闭环控制部分不同。先由三相电压电流测量_2 模块测量的线电压通过 Fcn 模块计算出三相相电压，然后将三相相电压经过变换得到 u_{od} 和 u_{oq} 分量。将三相电压电流测量_2 模块测量得到的负载输出电流经过变换得到

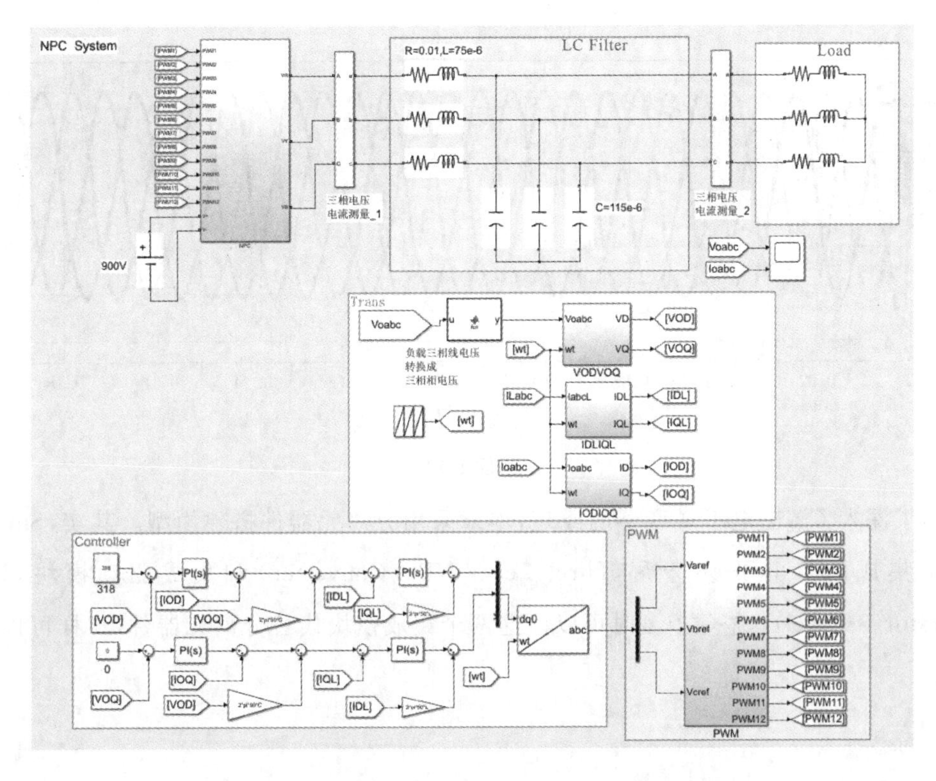

图 5-12　基于闭环控制的 NPC 型三电平逆变器仿真模型

i_{od} 和 i_{oq} 分量。将三相电压电流测量_1 模块测量得到的电感电流经过变换得到 i_{Ld} 和 i_{Lq} 分量。这六个分量与需要控制输出的三相电压的分量（d 轴参考分量，q 轴参考分量）一起作为电压外环 PI 控制和电流内环 PI 控制的输入量进行比例积分控制，得到的结果再通过转换模块转换成三相静止 abc 坐标系下的三相分量再乘以系数 2/900 作为三相调制波，从而控制载波产生 PWM 控制信号。在 PI 闭环控制下，负载在 0.2 s 内输出的电压电流波形如图 5-13 所示。

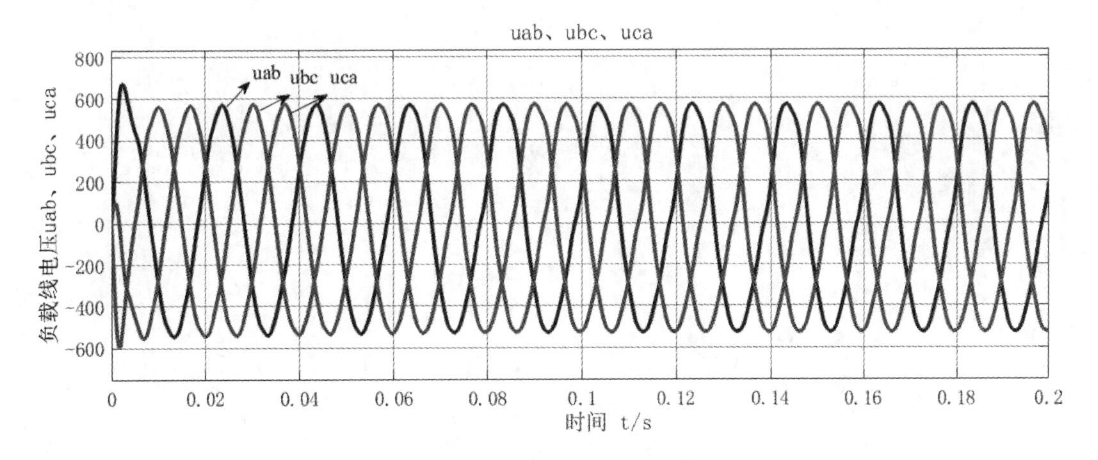

图 5-13　负载输出的线电压和相电流的波形

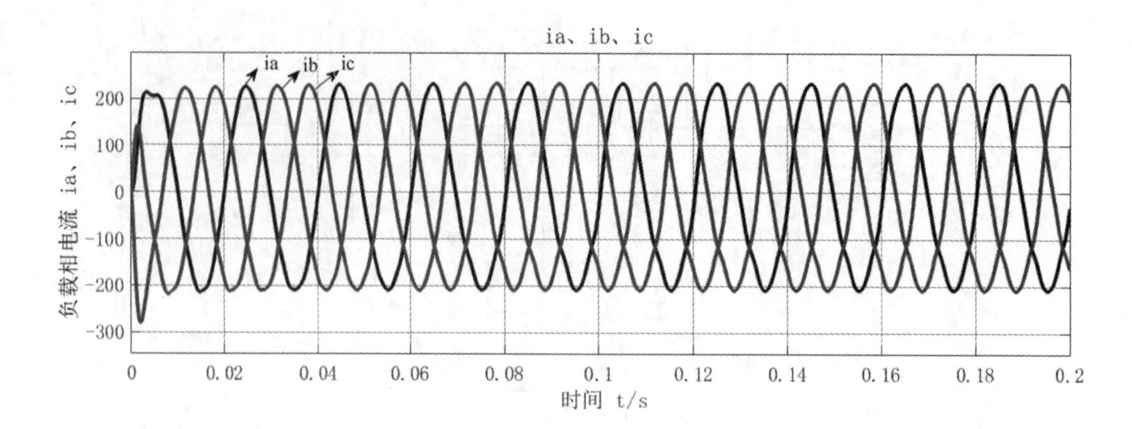

续图 5-13

为了深入了解三电平逆变器的原理，本章采用分离元器件搭建模型。其实，Simulink 提供了集成的三电平逆变桥（Three-Level NPC Converter）和集成驱动模块（PWM Generator(3-Level)），搭建模型时可以由这两个集成模块代替分离元器件，这样可以简化系统。

第6章　交错交联Buck变换器仿真项目

6.1　任务简介

交错并联是指并联运行的模块在控制时使用的频率一样、相角错开一定角度的运行模式。由于交错并联技术可以有效地减小输入输出电流纹波幅值、减小开关器件的容量、提高变换器的功率等级以及降低功率半导体器件电流应力和热应力等,因此交错并联变换器(如 Buck 变换器、Boost 变换器)在性能指标要求较高或中高功率等场合应用较为广泛。

本章任务是以三相交错并联 Buck 变换器为例,由浅入深探析交错并联变换器的原理,然后搭建三相交错并联 Buck 变换器的仿真模型,并分析其仿真结果。完成本章的学习后,能达到以下目标。

(1) 掌握降压斩波电路的工作原理。

(2) 掌握升压斩波电路的工作原理。

(3) 掌握交错并联 Buck 变换器的工作原理。

(4) 学会分析 Buck 变换器、Boost 变换器、交错并联变换器的仿真结果。

6.2　斩波电路相关理论知识

6.2.1　降压斩波电路的基本原理

降压斩波电路如图 6-1 所示。全控型器件 VT 和续流二极管 VD 构成了一个最基本的开关型直流-直流降压变换电路。该电路与 LC 滤波电路一起被称为降压斩波电路或 Buck 变换器。降压斩波电路的输出电压 u_o 的平均值 U_o 将会低于电源电压 E。

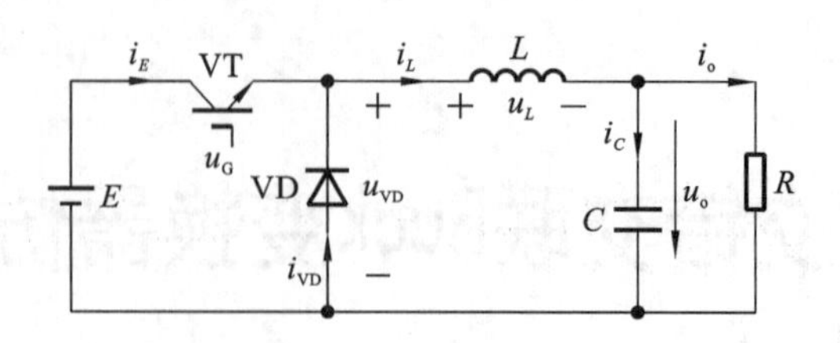

图 6-1　降压斩波电路

1. 开关管的控制方式

斩波电路是通过控制开关管 VT 的通断来控制输出电压的。设开关管的导通周期为 T,在一个周期中导通时间为 t_{on},关断时间为 t_{off},则导通占空比为 $D=\frac{t_{on}}{T}$,改变占空比的大小,就可以控制输出电压的大小。开关管控制方式主要有以下三种。

(1) 脉冲宽度调制方式:保持开关周期 T 不变,调节开关导通时间 t_{on},从而调节占空比 D,也就能调节输出电压。这种方式也叫脉冲调宽型。

(2) 脉冲频率调制方式:保持开关导通时间 t_{on} 不变,改变开关周期 T,从而达到调节占空比 D 的目的。这种方式也称调频型。

(3) 混合型调制方式:t_{on} 和 T 都可调,使占空比 D 改变。

在实际中,脉冲宽度调制方式应用最多,因为使用脉冲宽度调制方式实现起来容易,并且输出电压的频率固定,这样滤波器的设计也容易些。后文中的升压斩波电路,也是采用脉冲宽度调制的方法。

降压斩波电路中电容的值一般选得比较大,这样可以保证在电路工作于稳态时,输出电压基波波动很小。根据电感的大小,图 6-1 所示的降压斩波电路有三种可能的工作模式:电感电流连续工作模式 CCM(continuous current mode)、电感电流断续工作模式 DCM(discontinuous current mode)和电感电流临界连续工作模式。当电感选取得比较大时,电感电流在整个开关周期内都不为 0,称为电感电流连续工作模式;当电感选取得比较小时,电感电流在开关管关断期间会降为 0 并且保持一段时间,称为电感电流断续工作模式。下面分析降压斩波电路在电感电流连续工作模式下的工作过程和输出电压的计算。

当电感的值选取得比较大时,电感电流连续,降压斩波电路的工作波形如图 6-2 所示。假设输出电容比较大,在电路达到稳定状态时,电容两端的电压基本保持不变,值为 U_o。电路的工作过程为:在开关管 VT 导通时,即在 t_{on} 时间段,二极管电压 u_{VD} 等于直流输入电压 E,二极管反偏不导通,输入电源经电感与电容和负载形成回路,提供能量给电感和负载,同时给电容充电,电感电流增大,这时电感上的电压 $u_L=E-U_o$;在开关管 VT 关断时,电感的自感电动势使二极管导通,电感中储存的能量经二极管续流给负载,电感电流减小,二极

管两端的电压 $u_{VD}=0$，电感两端的电压 $u_L=-U_o$。在稳态情况下，因为电容电流平均值为0，所以电感电流平均值 I_L 等于输出电流平均值 I_o。

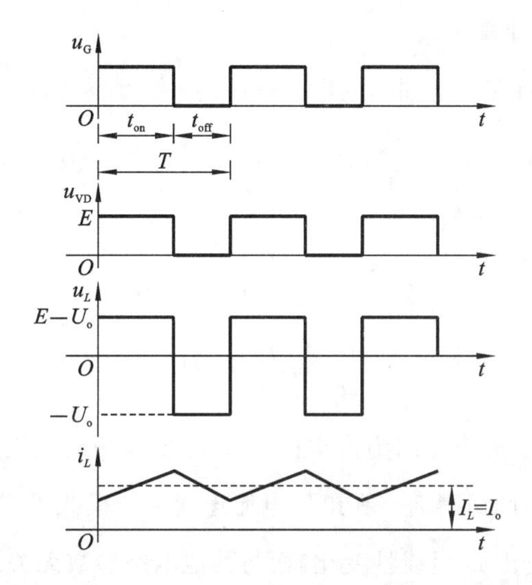

图 6-2 电感电流连续时降压斩波电路的工作波形

2. 二极管两端电压波形分析

从图 6-2 中可以看出，在一个周期 T 中，二极管两端的电压 u_{VD} 可以看成是脉宽为 θ、幅值为 E 的矩形脉波。脉波周期为 T，角频率为 $\omega=2\pi f=\dfrac{2\pi}{T}$，脉宽角度 $\theta=\omega t_{on}=\dfrac{2\pi}{T}t_{on}=2\pi D$。可得 $u_{VD}(\omega t)$ 的傅立叶表达式为

$$u_{VD}(\omega t)=U_{VD}+\sum_{n=1}^{\infty}a_n\cos(n\omega t) \tag{6-1}$$

式中，U_{VD}为

$$U_{VD}=\frac{1}{2\pi}\int_0^{2\pi}u_{VD}\mathrm{d}(\omega t)=\frac{1}{2\pi}E\theta=DE \tag{6-2}$$

n 次谐波幅值为

$$a_n=\frac{2E}{n\pi}\sin(n\frac{\theta}{2})=\frac{2E}{n\pi}\sin(nD\pi) \tag{6-3}$$

由此可见，二极管两端的电压不仅包括直流分量，还含有各次谐波分量。直流分量 U_{VD} 也就是二极管两端电压的平均值，它与电源电压的比值为 $\dfrac{U_{VD}}{E}=D$。在负载 R 之前，增加 LC 滤波环节，可减少负载上的谐波电压。由于开关频率通常都选取得比较大，滤波电感 L 对交流高频电压电流呈高阻抗、对直流畅通无阻，因此交流电压分量绝大部分都落在电感上，直流电压分量则通过 L 加在负载电阻上。另外，电容 C 对直流电流的阻抗为无穷大，对

交流电流的阻抗很小，故流经 L 的直流电流全部送至负载，而流经 L 的数值不大的交流电流几乎全部流入电容 C。这就保证了负载端电压、电流为平稳的直流电压、电流。

3. 负载输出电压的计算

根据电路达到稳态时在一个周期内电感电压的平均值为 0，即

$$\int_0^T u_L \mathrm{d}t = \int_0^{t_{on}} (E - U_o)\mathrm{d}t + \int_{t_{on}}^T - U_o \mathrm{d}t = 0$$

有

$$(E - U_o)t_{on} = U_o(T - t_{on}) \tag{6-4}$$

$$\frac{U_o}{E} = \frac{t_{on}}{T} = D \tag{6-5}$$

式(6-5)也可写成 $U_o = DE$。因为占空比 $D < 1$，所以输出电压的平均值 U_o 小于电源电压 E，降压斩波电路也因此而得名。在电感电流连续工作模式下，当输入电压不变时，输出电压的平均值 U_o 随占空比 D 呈线性变化，而与其他电路参数无关。因此，降压斩波电路相当于一个直流变压器，通过控制开关的占空比，可以得到要求的直流电压。

忽略电路中开关管 VT 和二极管 VD 的损耗，并假设电感、电容为理想元器件，没有能量损耗，则电源输出的功率 P_i 等于负载消耗的功率 P_o，即

$$\frac{1}{T}\int_0^T E i_E \mathrm{d}t = \frac{1}{T}\int_0^T U_o i_o \mathrm{d}t \tag{6-6}$$

整理式(6-6)，可得

$$E I_E = U_o I_o \tag{6-7}$$

式中：I_E 为电源输出电流的平均值；I_o 为负载电流的平均值。

$$\frac{I_o}{I_E} = \frac{E}{U_o} = \frac{1}{D} \tag{6-8}$$

由式(6-8)可见，电源输出电流的平均值与负载电流的平均值也呈线性关系。

在降压斩波电路中，当电路达到稳定状态时，电感上的平均电流一定等于负载电阻上的平均电流，这是因为达到稳态时电容上的平均电流为 0。

在分析降压斩波电路的基础上，搭建了仿真模型如图 6-3 所示。部分所用模块的提取路径如表 6-1 所示。

表 6-1　降压斩波电路仿真模型中部分所用模块的提取路径

模块名	提取路径
直流电压源模块	Simscape→Electrical→Specialized Power Systems→Fundamental Blocks→Electrical Sources→DC Voltage Source

续表

模块名	提取路径
电力场效应晶体管模块	Simscape→Electrical→Specialized Power Systems→Fundamental Blocks→Power Electronics→Mosfet
RLC 串联支路模块	Simscape→Electrical→Specialized Power Systems→Fundamental Blocks→Elements→Series RLC Branch
脉冲发生器模块	Simulink→Sources→Pulse Generator
电流测量模块	Simscape→Electrical→Specialized Power Systems→Fundamental Blocks→Measurements→Current Measurement
电压测量模块	Simscape→Electrical→Specialized Power Systems→Fundamental Blocks→Measurements→Voltage Measurement
示波器模块	Simulink→Sinks→Scope

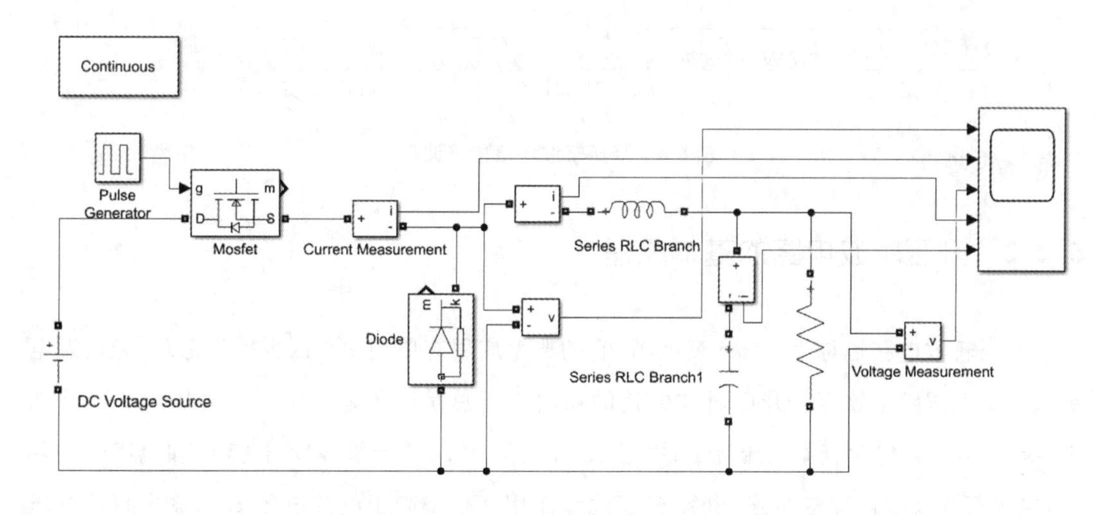

图 6-3 降压斩波电路仿真模型

在模块中设置参数，电源 E 电压设为 100 V，开关管选择默认的属性。电感 L 设为 0.01 H，电容 C 设为 100 μF，电阻 R 设为 2 Ω。对于脉冲发生器模块，幅值设为“1”，周期设为 0.000 2 s，即频率为 5 kHz，占空比设为 50%。三个电流测量模块（Current Measurement）分别串接电源输出支路、电感支路、电容支路，两个电压测量模块分别并联在电阻两端和二极管两端，这些测量模块的输出连接到示波器。

仿真时间设为 0.02 s，选择 ode45 仿真算法。在示波器上依次显示出二极管两端电压 u_{VD}，电源输出电流 i_1、电阻两端输出电压 u_o，电感 L 上电流 i_L 以及电容 C 上的电流 i_C 的仿真波形，如图 6-4 所示。从仿真波形可以看出，在当前的电路参数下，电感电流 i_L 连续，电路稳定后，电阻两端输出电压基本不变，理论输出值 $u_o = \alpha E = \frac{1}{2} \times 100\ \text{V} = 50\ \text{V}$，仿真结果与理论分析一致。

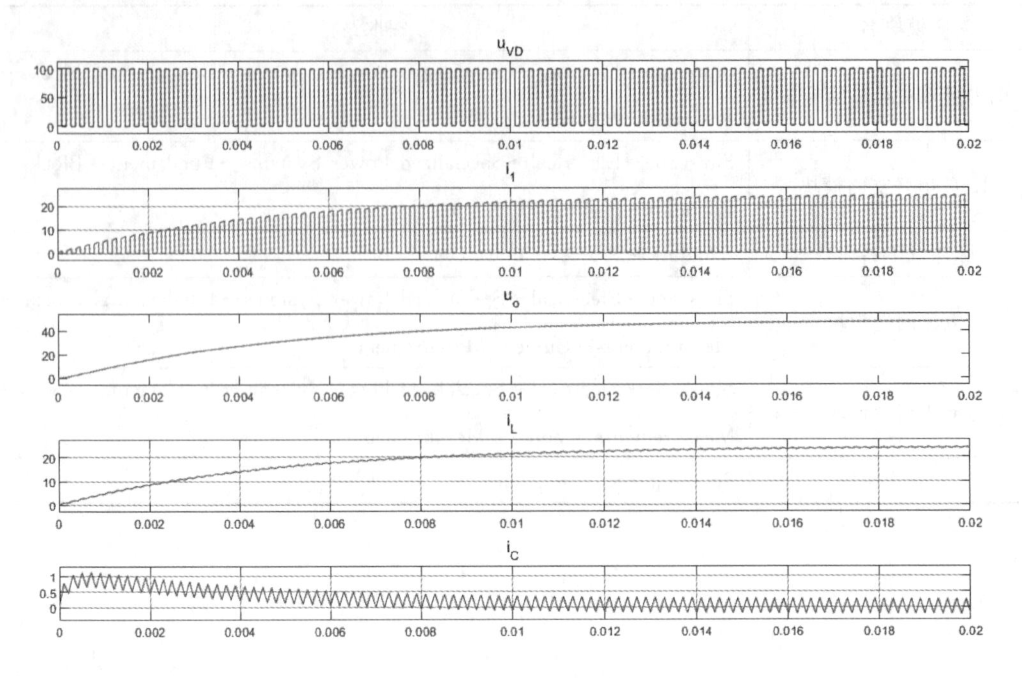

图 6-4　降压斩波电路仿真波形

6.2.2　升压斩波电路的基本原理

升压斩波电路也称为 Boost 变换器，它的典型应用有单相功率因数校正电路、光伏发电最大功率点跟踪电路等。升压斩波电路的输出电压总是高于输入电压。升压斩波电路如图 6-5 所示。它包含直流电压源 E、电感 L、开关管 VT、二极管 VD、电容 C 和电阻 R。其中，二极管 VD 提供续流通路，电容 C 起滤波作用。获得高于电源电压 E 的输出直流电压 U_o 的一个有效的办法是在开关管 VT 的前端接入一个电感 L。当开关管导通时，电感 L 上就会储存能量；当开关管断开后，电源 E 和电感 L 一起向负载供电，负载就可以获得比电源电压高的输出电压 U_o。

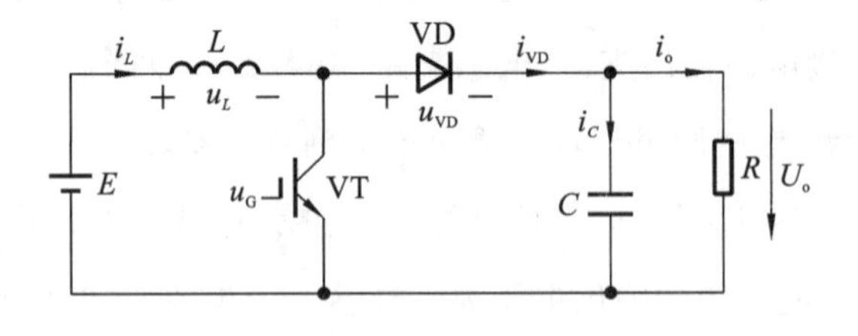

图 6-5　升压斩波电路

开关管的控制仍采用 PWM 控制方式。升压斩波电路中电容的值一般选得比较大，这

样可以保证在电路工作于稳态时，输出电压基波波动很小。与降压斩波电路一样，图6-5所示的升压斩波电路有三种可能的工作状态：电感电流连续工作模式、电感电流断续工作模式和电感电流临界连续工作模式。这里以电感电流连续工作模式为例分析升压斩波电路的原理。

图6-6给出了开关管VT的控制波形u_G、电感电压u_L和电感电流i_L的波形。在开关管导通期间，电源E向电感L充电，电感电流呈线性上升；在开关管关断时，电源E和电感L一起给电容和电阻供电。

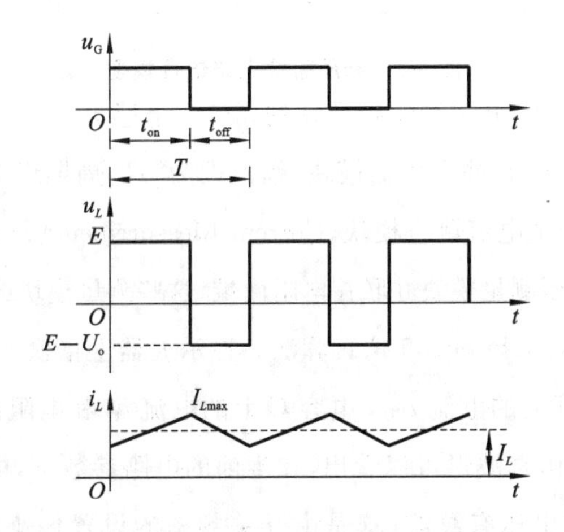

图6-6　电感电流连续时升压斩波电路的工作波形

当电路达到稳态时，电感电压在一个周期内的积分为0，即

$$Et_{on}+(E-U_o)t_{off}=0 \tag{6-9}$$

$$ET=U_o t_{off} \tag{6-10}$$

整理得

$$\frac{U_o}{E}=\frac{T}{t_{off}}=\frac{1}{1-D} \tag{6-11}$$

输出电流平均值为

$$I_o=\frac{U_o}{R} \tag{6-12}$$

由式(6-11)可知，输出电压U_o大于电源电压E，是升压电路。升压斩波电路能够保证输出电压高于电源电压的原因是：

(1) 电感L放电时，它所储存的能量具有使电压泵升的作用；

(2) 电感L充电时，电容C可将输出电压保持住。

在升压斩波电路原理分析的基础上，建立了仿真模型，如图6-7所示。模型中模块与降压斩波电路中的模块一样，模块提取路径可参考表6-1。

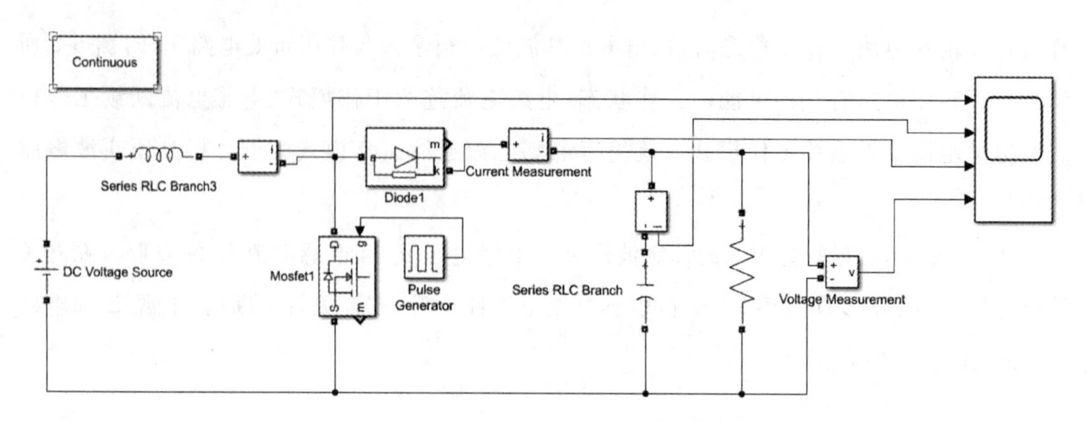

图 6-7　升压斩波电路仿真模型

电源 E 电压设为 100 V，开关管选择默认的属性。电感 L 设为 0.05 H，电容 C 设为 200 μF，电阻 R 设为 50 Ω。对于脉冲发生器模块，幅值设为"1"，周期设为 0.002 s，即频率为 500 Hz，占空比设为 50%。三个电流测量模块(Current Measurement)分别串接电感支路、二极管支路和电容支路，一个电压测量模块并联在电阻两端，这些测量模块的输出连接到示波器。

仿真时间设为 0.1 s，选择 ode45 仿真算法。在示波器上依次显示出电源输出电流也即电感上的电流 i_L、二极管上的电流 i_{VD}，电容 C 上的电流 i_C 和电阻两端输出电压 u_o 的仿真波形，如图 6-8 所示。从仿真波形可以看出，在当前的电路参数下，电感电流 i_L 连续，电路稳定后，尽管电阻两端输出电压有纹波(这是由开关频率的设置偏小导致的)，但它的有效值保持为 200 V，理论输出值 $u_o = \dfrac{1}{1-\alpha}E = 2 \times 100\ \text{V} = 200\ \text{V}$，仿真结果与理论分析一致。

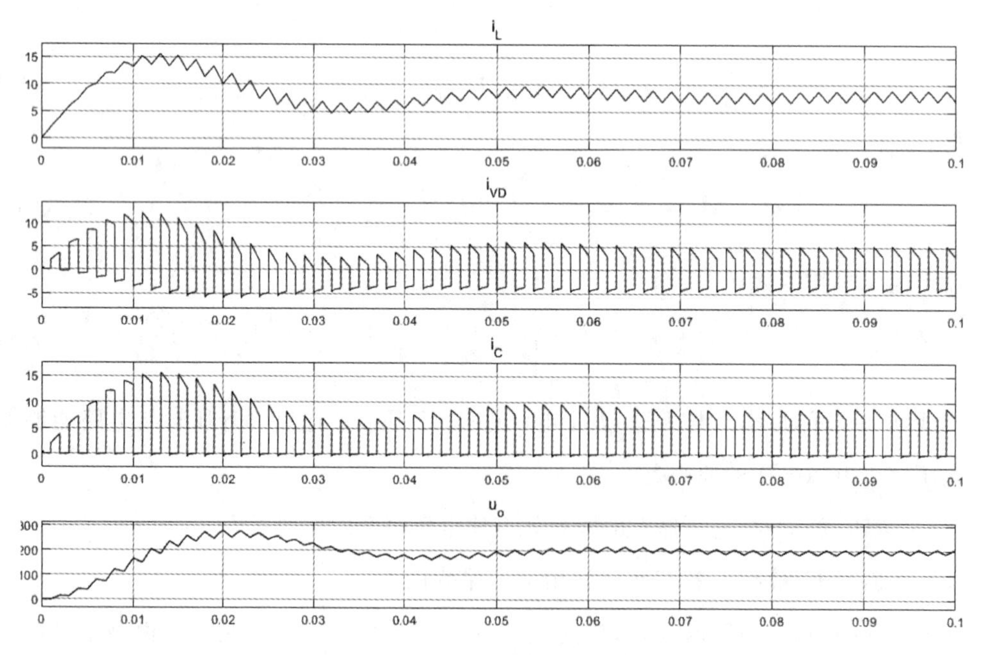

图 6-8　升压斩波电路仿真波形图

6.3　交错并联 Buck 变换器的设计及仿真

6.3.1　交错并联的相关概念及设计要求

交错运行与并联运行的主电路结构和应用范围基本是相同的，只是交错运行的控制信号是交错的，并联运行的控制信号是同步的。交错指的是并联各个模块的工作频率取一样的值，而相角错开角度为 φ，此角度和变换器的并联单元个数 N 有关，满足关系式

$$\varphi=\frac{2\pi}{N} \tag{6-13}$$

交错相数越多，等效的输入电感纹波频率越高，且纹波相互抵消的程度越大，有利于滤波，但输出相数增多使得控制复杂、均流困难。常用的交错并联技术包括两相交错并联技术、三相交错并联技术、四相交错并联技术以及六相交错并联技术，对应的相角错开角度分别为 π、$\frac{2\pi}{3}$、$\frac{\pi}{2}$、$\frac{\pi}{3}$。

交错并联 Buck 变换器的工作模式与降压斩波电路的工作模式类似，根据电感电流是否连续分为电感电流连续工作模式、电感电流断续工作模式、电感电流临界连续工作模式。电感电流连续工作模式下和电感电流断续工作模式下的功率级传递函数不同，设计的控制器也不同，这里以电感电流连续工作模式为例。在电感电流连续工作模式下，电感电流在整个工作周期内始终大于 0，输入电流纹波较小，易满足纹波要求。

三相交错并联 Buck 变换器是使三个相同的 Buck 变换器并联运行，且每相的驱动信号相位错开 120°。这种变换器可以在不改变开关频率的情况下将输出电流纹波频率减小为传统降压斩波电路的 1/3，因此不但能够减小开关损耗，而且能够减小滤波电容的体积、降低滤波损耗。显然，这种变换器具有重要的研究价值和广阔的应用前景，被广泛应用于电动汽车、燃料电池车、混合动力车、风力发电等领域。

在三相交错并联 Buck 变换器中，每一相电感的寄生参数不一致、开关管等器件参数不完全相同、占空比抖动等因素都会造成相间的不均流现象，可能使得某些元件承担更多的负载电流，加剧了重载时发热的强度，进而导致整个电路不能正常工作。因此，对于交错变换器和并联变换器而言，均流控制十分重要。

6.3.2 三相交错并联Buck变换器的拓扑结构及分析

1. 拓扑结构

三相交错并联Buck变换器的拓扑结构如图6-9所示。三相交错并联Buck变换器由三相主开关管VT_1、VT_3、VT_5，续流开关管VT_2、VT_4、VT_6，续流二极管$VD_1 \sim VD_6$构成。当采用同步整流技术时，VT_1和VT_2、VT_3和VT_4以及VT_5和VT_6交替导通和关断，否则VT_2、VT_4、VT_6始终处于关断状态。储能元件电感L_1、L_2、L_3和电容C_2构成低压输出侧LC无源滤波器，起到储存能量及滤波的作用。C_1为高压输入侧的支撑电容，起到滤波和稳定输入电压的作用。

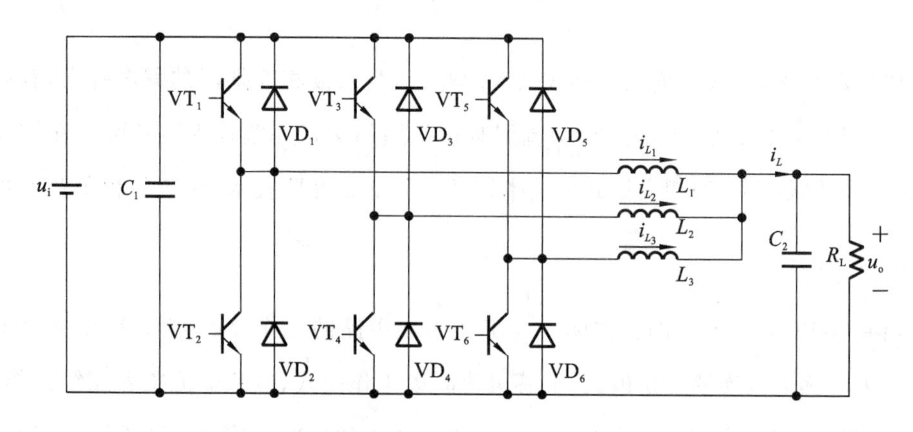

图6-9 三相交错并联Buck变换器的拓扑结构

2. 工作原理

三相交错并联是指三相独立的Buck变换器并联且相互交错工作，工作时每路同频率不同相位，且每两相之间的相位差为120°。开关管交替工作，降低了器件功率损耗，且当电源装置的输出功率较大时，多个变换器并联能在很大程度上减小流过每一个导通电路中的电流，从而降低开关的损耗和输出总电流纹波。因此，采用三相交错并联技术，能够使电感和电容参数取值相应减小，进而使得电路体积变小、重量减轻、功率密度变大。此外，采用磁耦合和磁集成等技术还能进一步提高变换器功率密度。

3. 工作模态分析

三相交错并联Buck变换器每两相之间有120°的移相角。三相交错并联Buck变换器在不同占空比的情况下对应着不同的工作模态，因此，需要对三相交错并联Buck变换器在不同占空比下的工作模态进行分析。这里以采用同步整流技术、不考虑磁耦合为例进行分析。

(1) 占空比范围：$0 < D \leqslant 1/3$ 。

占空比范围为 $0<D\leqslant1/3$ 时三相交错并联 Buck 变换器的工作波形如图 6-10 所示。

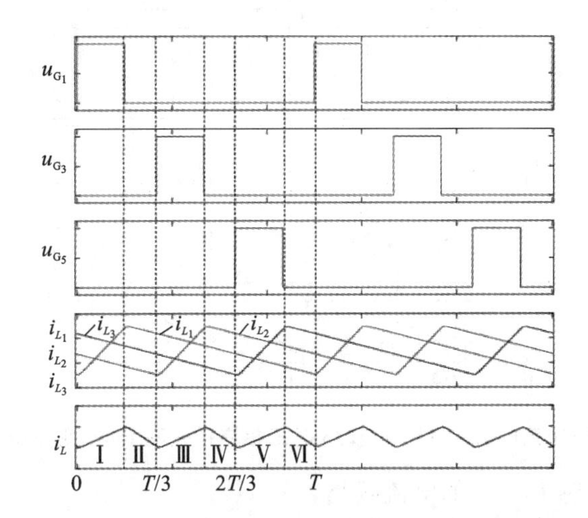

图 6-10　占空比范围为 $0<D\leqslant1/3$ 时三相交错并联 Buck 变换器的工作波形

工作模态Ⅰ：开关管 VT_1 导通、VT_2 关断，电感 L_1 的电流增大；开关管 VT_3、VT_5 关断，VT_4、VT_6 导通，电感 L_2、L_3 的电流减小。

工作模态Ⅱ：开关管 VT_1、VT_3、VT_5 关断，VT_2、VT_4、VT_6 导通，电感 L_1、L_2、L_3 的电流减小。

工作模态Ⅲ：开关管 VT_3 导通、VT_4 关断，电感 L_2 的电流增大；开关管 VT_1、VT_5 关断，VT_2、VT_4 处于导通状态，电感 L_1、L_3 的电流减小。

工作模态Ⅳ：开关管 VT_1、VT_3、VT_5 关断，电感充放电情况与工作模态Ⅱ相同。

工作模态Ⅴ：开关管 VT_5 导通、VT_6 关断，电感 L_3 的电流增大；开关管 VT_1、VT_3 关断，VT_2、VT_4 处于导通状态，电感 L_1、L_2 的电流减小。

工作模态Ⅵ：开关管 VT_1、VT_3、VT_5 关断，电感充放电情况与工作模态Ⅱ相同。

(2) 占空比范围：$1/3<D\leqslant2/3$。

占空比范围为 $1/3<D\leqslant2/3$ 时三相交错并联 Buck 变换器的工作波形如图 6-11 所示。

工作模态Ⅰ：开关管 VT_1、VT_5 导通，VT_2、VT_6 关断，电感 L_1、L_3 的电流增大；开关管 VT_3 关断、VT_4 导通，电感 L_2 的电流减小。

工作模态Ⅱ：开关管 VT_3、VT_5 关断，VT_4、VT_6 导通，电感 L_2、L_3 的电流减小；开关管 VT_1 处于导通状态，VT_2 处于关断状态，电感 L_1 的电流增大。

工作模态Ⅲ：开关管 VT_1、VT_3 导通，VT_2、VT_4 截止，电感 L_1、L_2 的电流增大；开关管 VT_5 关断、VT_6 导通，电感 L_3 的电流减小。

工作模态Ⅳ：开关管 VT_3 导通、VT_4 关断，电感 L_2 的电流增大；开关管 VT_1、VT_5 关

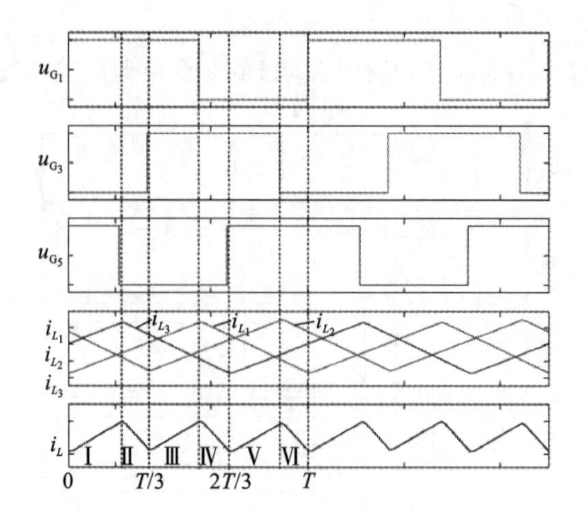

图 6-11　占空比范围为 1/3＜D≤2/3 时三相交错并联 Buck 变换器的工作波形

断，VT_2、VT_6 导通，电感 L_1、L_3 的电流减小。

工作模态Ⅴ：开关管VT_3、VT_5 导通，VT_4、VT_6 关断，电感 L_2、L_3 的电流增大；开关管VT_1 处于关断状态，VT_2 处于导通状态，电感 L_1 的电流减小。

工作模态Ⅵ：开关管VT_5 导通、VT_6 关断，电感 L_3 的电流增大；VT_1、VT_3 关断，VT_2、VT_4 导通，电感 L_1、L_2 的电流减小。

(3) 占空比范围：$2/3 < D \leqslant 1$ 。

占空比范围为 $2/3 < D \leqslant 1$ 时三相交错并联 Buck 变换器的工作波形如图 6-12 所示。

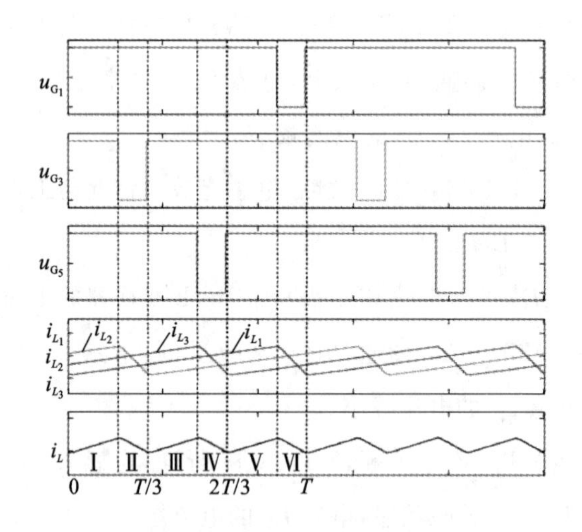

图 6-12　占空比范围为 2/3＜D≤1 时三相交错并联 Buck 变换器的工作波形

工作模态Ⅰ：开关管VT_1、VT_3、VT_5 导通，VT_2、VT_4、VT_6 关断，电感 L_1、L_2、L_3 的电流增大。

工作模态Ⅱ：开关管VT_1、VT_5导通，VT_2、VT_6关断，电感L_1、L_3的电流增大；开关管VT_3关断、VT_4导通，电感L_2的电流减小。

工作模态Ⅲ：开关管VT_1、VT_3、VT_5导通，VT_2、VT_4、VT_6关断，电感L_1、L_2、L_3的电流增大。

工作模态Ⅳ：开关管VT_1、VT_3导通，VT_2、VT_4关断，电感L_1、L_2的电流增大；开关管VT_5关断、VT_6导通，电感L_3的电流减小。

工作模态Ⅴ：开关管VT_1、VT_3、VT_5导通，VT_2、VT_4、VT_6关断，电感L_1、L_2、L_3的电流增大。

工作模态Ⅵ：开关管VT_3、VT_5导通，VT_4、VT_6关断，电感L_2、L_3的电流增大，开关管VT_1关断、VT_2导通，电感L_1的电流减小。

4. 电感电流分析

不考虑电感的耦合，并假设电感电流线性上升与下降及电感电流连续，忽略电感寄生电阻。基于上面的分析并结合电感的伏-秒平衡特性，可作出不同占空比范围下每相电感电流及总电流波形，如图6-10至图6-12所示。

在所有占空比范围内，设变换器输入侧电压为u_i，输出侧电压为u_o，每相电感电流上升速率为

$$k_r = \frac{di_L}{dt} = (u_i - u_o)/L \tag{6-14}$$

下降速率为

$$k_d = \left|\frac{di_L}{dt}\right| = u_o/L \tag{6-15}$$

设三相电感的电流之和为i_L，对不同占空比范围下的总电感电流i_L进行如下分析。

(1) 占空比范围：$0 < D \leqslant 1/3$。

由图6-10可知，在一个周期$T_s = T/3$内，总电感电流i_L的上升时间为

$$t_{r_1} = DT \tag{6-16}$$

在t_{r_1}时间段内，一个电感电流上升，两个电感电流下降，因此总电流纹波峰-峰值为

$$\Delta i_L = t_{r_1}(k_r - 2k_d) = \frac{u_i - 3u_o}{L}DT \tag{6-17}$$

(2) 占空比范围：$1/3 < D \leqslant 2/3$。

由图6-11可知，一个周期$T_s = T/3$内，总电感电流i_L的上升时间为

$$t_{r_2} = DT - T/3 \tag{6-18}$$

在t_{r_2}时间段内，两个电感电流上升，一个电感电流下降，因此总电流纹波峰-峰值为

$$\Delta i_L = t_{r_2}(2k_r - k_d) = \frac{2u_i - 3u_o}{3L}(3D-1)T \tag{6-19}$$

(3) 占空比范围：$2/3 < D \leqslant 1$。

由图 6-12 可知，在一个周期 $T_s = T/3$ 内，总电感电流 i_L 的上升时间为

$$t_{r_3} = DT - 2T/3 \tag{6-20}$$

在 t_{r_3} 时间段内，两个电感电流上升，一个电感电流下降，因此总电流纹波峰-峰值为

$$\Delta i_L = t_{r_3}(2k_r - k_d) = \frac{2u_i - 3u_o}{3L}(3D-2)T \tag{6-21}$$

由式(6-17)、式(6-19)、式(6-21)可分析不同占空比情况下电流纹波大小情况。

6.3.3 三相交错并联 Buck 变换器的仿真及其结果分析

总体仿真模型由三相交错并联 Buck 变换器主电路、PWM 调制模块、电压环以及电流环等部分组成。其中，三相交错并联 Buck 主电路仿真模型如图 6-13 所示。它由三相互补的半桥、三相耦合电感、滤波电容及负载电阻组成。

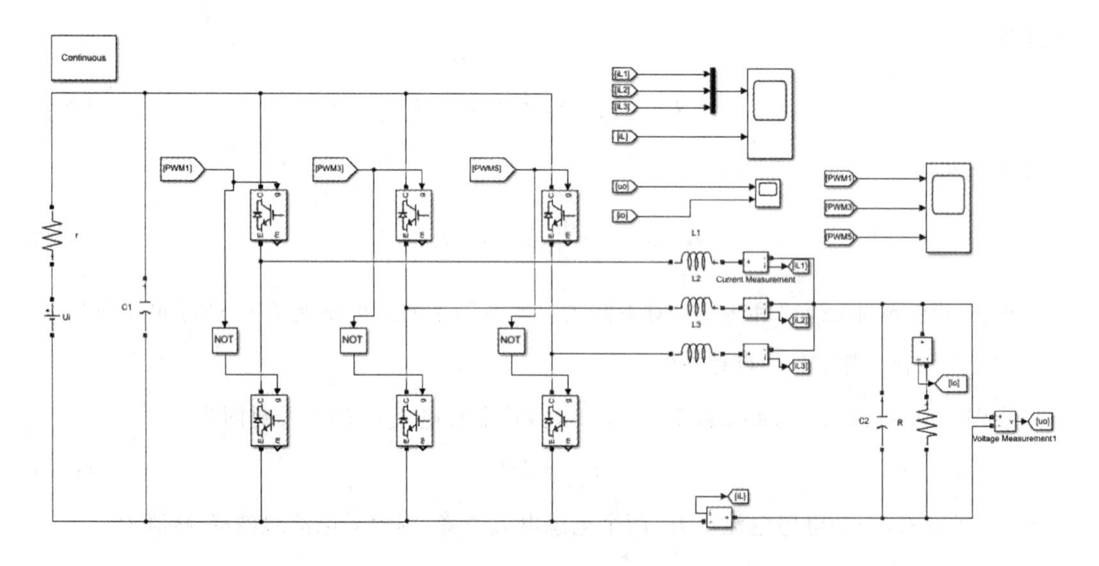

图 6-13 三相交错并联 Buck 变换器主电路仿真模型

电压环、电流环控制仿真模型如图 6-14 所示。控制信号与主信号用 From 和 Goto 模块进行连接。

在图 6-13 和图 6-14 中，主要模块的提取路径如表 6-2 所示。主要模块的参数设置如表 6-3 所示。

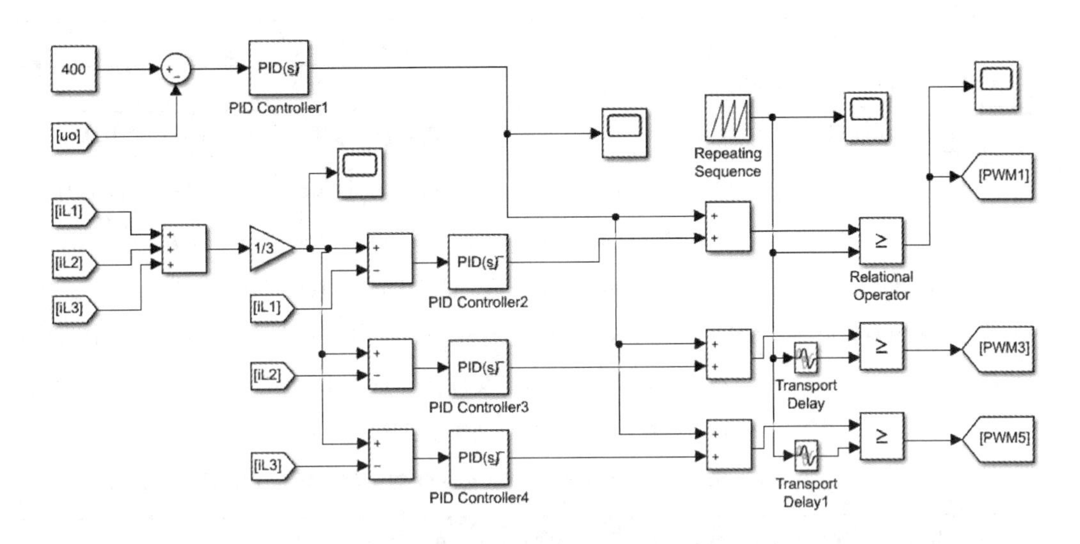

图 6-14　控制器仿真模型

表 6-2　主要模块的提取路径

模块名	提取路径
直流电压源模块	Simscape→Electrical→Specialized Power Systems→Fundamental Blocks→Electrical Sources→DC Voltage Source
绝缘栅双极型晶体管模块	Simscape→Electrical→Specialized Power Systems→Fundamental Blocks→Power Electronics→IGBT
RLC 串联支路模块	Simscape→Electrical→Specialized Power Systems→Fundamental Blocks→Elements→Series RLC Branch
电流测量模块	Simscape→Electrical→Specialized Power Systems→Fundamental Blocks→Measurements →Current Measurement
电压测量模块	Simscape→Electrical→Specialized Power Systems→Fundamental Blocks→Measurements →Voltage Measurement
示波器模块	Simulink→Sinks→Scope
相加模块	Simulink→Math Operations→Add
求和模块	Simulink→Math Operations→Sum
连续 PID 控制器模块	Simulink→Continuous→Continuous PID Controller
锯齿波发生器模块	Simulink→Sources→Repeating Sequence
传输延迟模块	Simulink→Continuous→Transport Delay
比较器模块	Simulink→Logic and Bit Operations→Comparator

表 6-3　主要模块的参数设置

模块名	参数设置
直流电压源模块	750 V
RLC 串联支路模块	$L_1=L_2=L_3=0.0015$ H；$R=4$ Ω；$C_1=3\times10^{-5}$ F；$C_2=4\times10^{-5}$ F
连续 PID 控制器模块	在 PID Controller1 中，“Proportional(P)”设为“0.0025”，“Intergral(I)”设为“0.1”，上限“Upper limit” 设为“1”，下限“Lower limit” 设为“－1”。注意，比例和积分控制器参数可选范围较大，这里只选择其中一组。 在 PID Controller2 中，“Proportional(P)”设为“0.01”，“Intergral(I)”设为“0.25”，上限“Upper limit”设为“1”，下限“Lower limit”设为“－1”。类似地，这里的控制器参数也只是选择了其中一组。 PID Controller3 和 PID Controller4 的参数设置与 PID Controller2 相同
锯齿波发生器模块	Time values：[0 1/8000] 。Output values：[0 1]
传输延迟模块	在 Transport Delay 中，“Time delay”设为“1/(3 * 8000)”，其余值就用默认值 在 Transport Delay 1 中，“Time delay”设为“2/(3 * 8000)”，其余值就用默认值

仿真时间设为 0.5 s，选择 ode45 仿真算法。图 6-15 所示给出了 PWM1、PWM3 和 PWM5 的驱动波形图，可以看到占空比为 52%。根据前文的理论分析可知，这种情况属于 $1/3<D\leqslant2/3$ 范围，把相关数据代入式(6-19)，可计算出总电流的纹波峰-峰值为 4.67 A。图 6-16 给出了三相电感电流及总电流的波形图，通过波形可以看到和之前理论分析波形(见图 6-11)类似，同时总电流的纹波峰-峰值为 4.75 A，和理论计算值(4.67 A)接近，验证

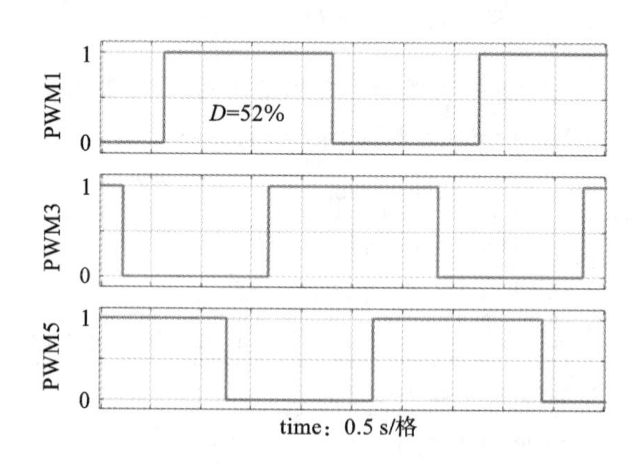

图 6-15　PWM1、PWM3 和 PWM5 的驱动波形图

了之前理论分析的正确性。输出电压及输出电流波形如图 6-17 所示，可以看到输出电压稳态时为约 400 V，并且纹波小于 1 V(0.25%)，说明三相交错并联 Buck 变换器具备有效减少输出电压纹波的能力。输出电流波形和输出电压形状一样，只是幅值缩小 4 倍。值得一提的是，不同于前文中降压斩波电路的仿真(采用开环控制)，这里的仿真模型采用了闭环控制，而且采用了交错并联的拓扑结构，故变换器的输出性能明显提升。

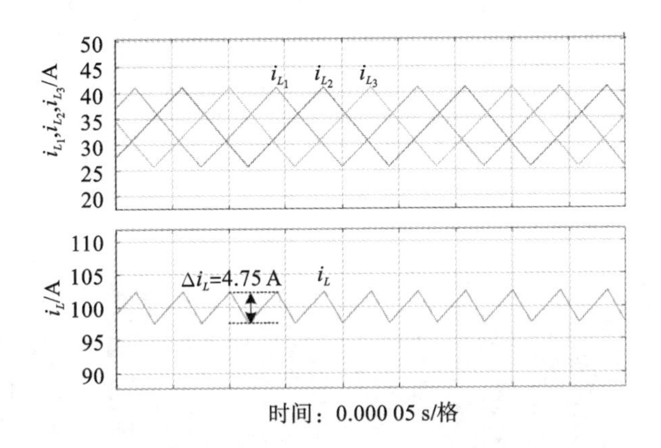

图 6-16　三相电感电流及总电流的波形图

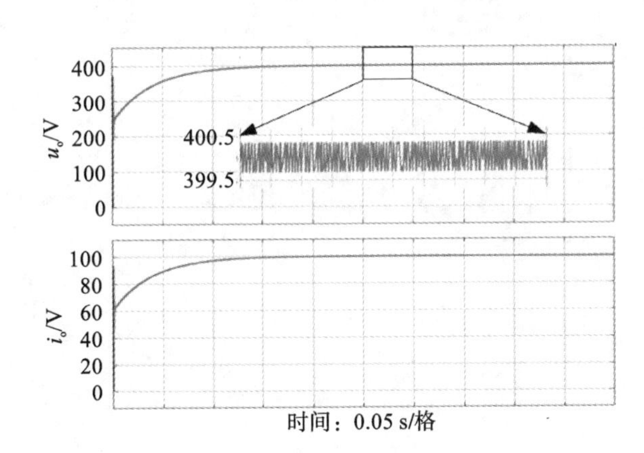

图 6-17　输出电压及输出电流的波形图

第7章　PWM整流器仿真项目

7.1　任务简介

传统的整流电路，如基于功率二极管的不可控整流电路和基于相控晶闸管的整流电路，易导致功率因数低并引入较大的电网电流谐波，较难符合入网标准，因此业界通常采用功率因数校正电路或有源电力滤波器等来提高功率因数或抑制谐波电流，但这些方式增加了系统硬件成本。相比之下，PWM(pulse width modulation) 整流器因具有单位功率因数、电网电流谐波小等优点而得到广泛应用。此外，PWM 整流器不仅能将能量直接回馈到电网，而且所需的无源滤波器件(如滤波电感、滤波电容等)体积较小、重量较轻，故功率密度有所提升。

基于上述原因，本章任务重点是：在掌握 PWM 整流器的工作原理的基础上，完成单相电压源型 PWM 整流器和三相电压源型 PWM 整流器仿真模型的搭建，并学会对仿真结果进行分析。通过本章的学习，能够达成以下目标。

(1) 掌握单相电压源型 PWM 整流器和三相电压源型 PWM 整流器的工作原理。

(2) 能够应用 MATLAB/Simulink 软件实现单相电压源型 PWM 整流器和三相电压源型 PWM 整流器的正常稳定运行。

(3) 学会分析单相电压源型 PWM 整流器和三相电压源型 PWM 整流器的仿真波形图。

7.2　PWM 整流器相关理论知识

7.2.1　PWM 整流器的分类

随着 PWM 整流器的应用领域越来越广，PWM 整流器的拓扑结构随之发生改变。

PWM 整流器有多种分类方式，常用的分类方式有 4 种，如图 7-1 所示。考虑到电压源型 PWM 整流器的拓扑结构较为常见，本章主要以单相电压源型 PWM 整流器和三相电压源型 PWM 整流器为例展开研究。

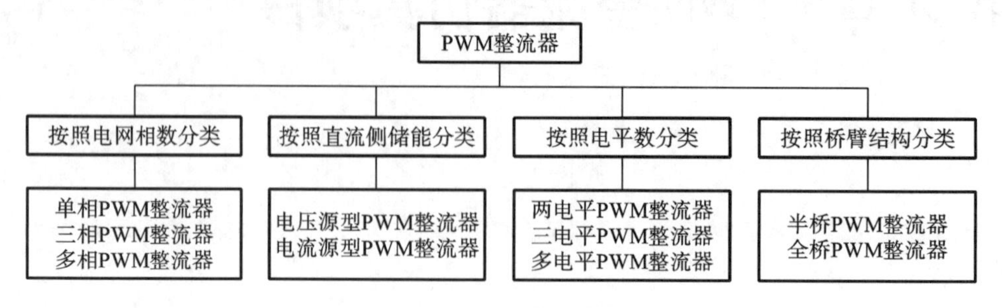

图 7-1 PWM 整流器的分类

7.2.2 单相电压源型 PWM 整流器的工作原理及其控制策略

1. 单相电压源型 PWM 整流器的工作原理

图 7-2 所示为单相电压源型 PWM 整流器的拓扑结构。u_2 和 i_2 分别为电网电压和电网电流，L 和 r 分别为滤波电感和综合等效电阻，$S_1 \sim S_4$ 为开关器件，$D_1 \sim D_4$ 是与开关器件对应的反并联二极管，C 为直流侧滤波电容，R 为负载。u_{ab} 为整流桥交流侧输入电压，u_{dc} 为直流侧输出电压，i_C 和 i_{load} 分别为流过电容的电流和流过负载的电流。

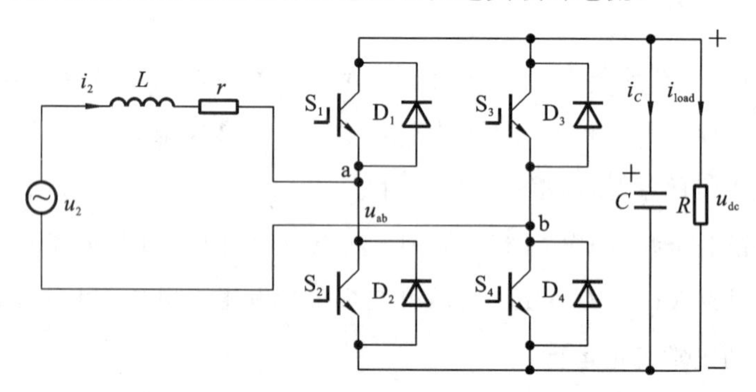

图 7-2 单相电压源型 PWM 整流器的拓扑结构

根据 SPWM 原理可知，比较正弦波与三角波(为载波)后，对图 7-2 中 $S_1 \sim S_4$ 开关管进行 SPWM 控制，可得到单相电压源型 PWM 整流器的网侧输入端电压 u_{ab} 为 SPWM 波，它包含基波电压和开关频率处的谐波电压。电感 L 的滤波作用使得开关频率处的谐波电流很小。因此，当电网电压和电网电流同步时，单相电压源型 PWM 整流器处于整流状态且可以实现单位功率因数运行。类似地，当电网电流滞后电网电压 180°时，单相电压源型 PWM 整流器处于逆变状态。这说明单相电压源型 PWM 整流器可以实现能量双向流动，提高能量利用率。值得一提的是，电网电压和电网电流之间的角度可以 0°到 360°变化，因此单相

电压源型PWM整流器可以实现四象限运行。

为了进一步说明单相电压源型PWM整流器的工作原理，这里分四种不同工作模式并给出对应模式下的电流回路图。如图7-3(a)所示，当开关器件S_1和S_4导通、S_2和S_3关闭且电网电流$i_2>0$时，电网电压u_2、滤波电感L、综合等效电阻r、反并联二极管D_1、直流侧滤波电容C、负载R、反并联二极管D_4构成一个闭环回路，电流流向是顺时针。如图7-3(b)所示，当开关器件S_1和S_4导通、S_2和S_3关闭且电网电流$i_2<0$时，电网电压u_2、滤波电感L、综合等效电阻r、开关器件S_1、直流侧滤波电容C、负载R、开关器件S_4构成一个闭环回路，电流流向是逆时针。如图7-3(c)所示，当开关器件S_1和S_4关闭、S_2和S_3导通且电网电流$i_2>0$时，电网电压u_2、滤波电感L、综合等效电阻r、开关器件S_2、直流侧滤波电容C、负载R、开关器件S_3构成一个闭环回路，电流流向是顺时针。如图7-3(d)所示，当开关器件S_1和S_4关闭、S_2和S_3导通且电网电流$i_2<0$时，电网电压u_2、滤波电感L、综合等效电阻r、反并联二极管D_2、直流侧滤波电容C、负载R、反并联二极管D_3构成一个闭环回路，电流流向是逆时针。由此可见，电网电流的方向影响开关器件导通或者关闭情况。

2. 单相电压源型PWM整流器的控制策略

图7-4给出了基于PI控制器的单相电压源型PWM整流器双环控制策略。单相电压源型PWM整流器的直流侧电压环采用PI控制器，通过调节直流侧电压来实现输入能量和输出能量的平衡。电流环的电网电流峰值参考值由直流侧电压环控制器的输出量给定，通过电网电压锁相环得到相位角，并由sin及电网电流峰值的乘积获得电网电流的参考信号。电流环也采用了PI控制器，以实现电网电流的跟踪。同时，为了抑制电网电压扰动的影响，采用了电网电压前馈控制，最终电流环的输出与电网电压的前馈信号叠加后，经过SPWM控制后给到S_1到S_4，从而实现单相电压源型PWM整流器的并网控制。

7.2.3　三相电压源型PWM整流器的工作原理及其控制策略

1. 三相电压源型PWM整流器的工作原理

三相电压源型PWM整流器的拓扑结构如图7-5所示。图中u_{2a}、u_{2b}和u_{2c}为三相电网相电压，i_{2a}、i_{2b}和i_{2c}为三相电网相电流，$S_1\sim S_6$和$D_1\sim D_6$为绝缘栅双极型晶体管和对应的反并联续流二极管，u_{ab}、u_{bc}和u_{ca}为整流器网侧输入三相线电压，i_{dc}为直流母线侧电流，i_C和i_{load}为流过直流侧电容电流及流过负载电流，u_{dc}为直流侧输出电压。

三相电压源型PWM整流器包含8种工作模式，如表7-1所示，开关函数中1表示为上管开通，0表示为下管开通，如001表示c相桥臂的下管开通，b相桥臂的下管开通和a相桥

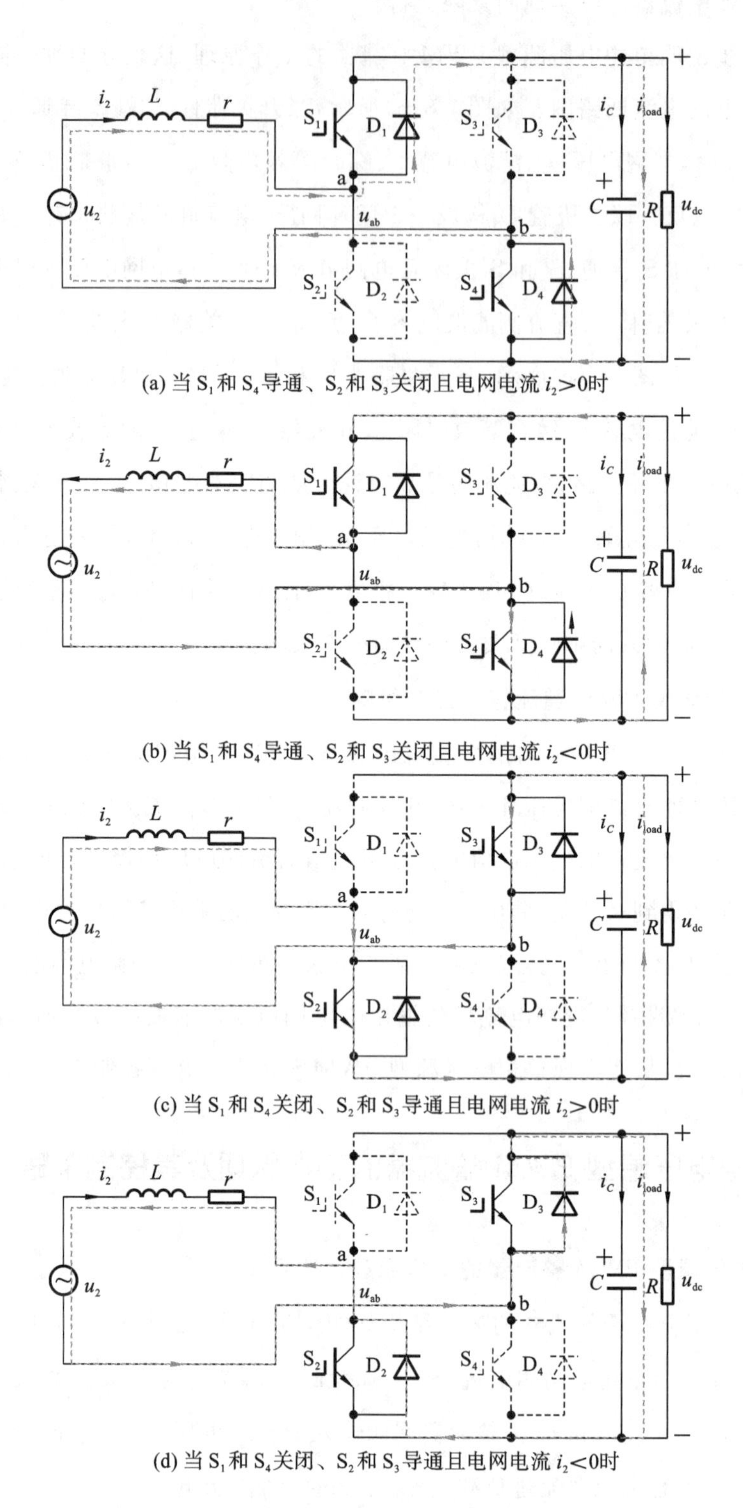

(a) 当 S_1 和 S_4 导通、S_2 和 S_3 关闭且电网电流 $i_2>0$ 时

(b) 当 S_1 和 S_4 导通、S_2 和 S_3 关闭且电网电流 $i_2<0$ 时

(c) 当 S_1 和 S_4 关闭、S_2 和 S_3 导通且电网电流 $i_2>0$ 时

(d) 当 S_1 和 S_4 关闭、S_2 和 S_3 导通且电网电流 $i_2<0$ 时

图 7-3　单相电压源型 PWM 整流电路的电流回路图

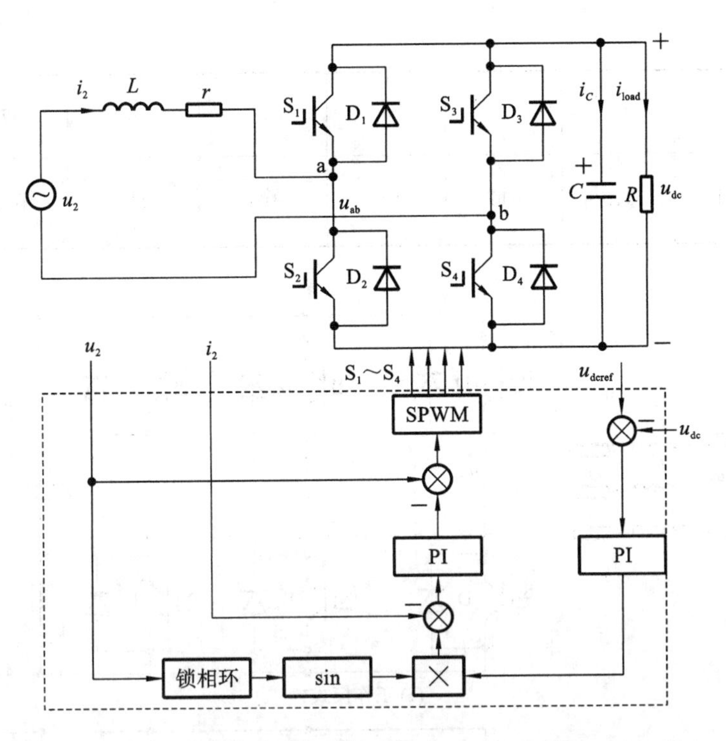

图 7-4 基于 PI 控制器的单相电压源型 PWM 整流器双环控制策略

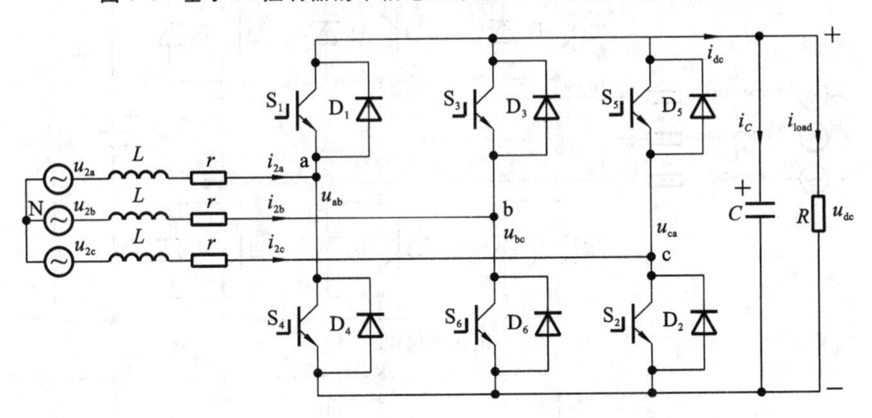

图 7-5 三相电压源型 PWM 整流器的拓扑结构

臂的上管开通。图 7-6 给出了电网电流 $i_{2a}>0$、$i_{2b}<0$、$i_{2c}>0$ 情况下 8 种工作模式下对应的电流回路图。

表 7-1 三相电压源型 PWM 整流器的工作模式

工作模式	1	2	3	4	5	6	7	8
导通器件	$S_1(D_1)$，$S_6(D_6)$，$S_2(D_2)$	$S_4(D_4)$，$S_3(D_3)$，$S_2(D_2)$	$S_1(D_1)$，$S_3(D_3)$，$S_2(D_2)$	$S_4(D_4)$，$S_6(D_6)$，$S_5(D_5)$	$S_1(D_1)$，$S_6(D_6)$，$S_5(D_5)$	$S_4(D_4)$，$S_3(D_3)$，$S_5(D_5)$	$S_1(D_1)$，$S_3(D_3)$，$S_5(D_5)$	$S_4(D_4)$，$S_6(D_6)$，$S_2(D_2)$

续表

工作模式	1	2	3	4	5	6	7	8
开关函数	001	010	011	100	101	110	111	000

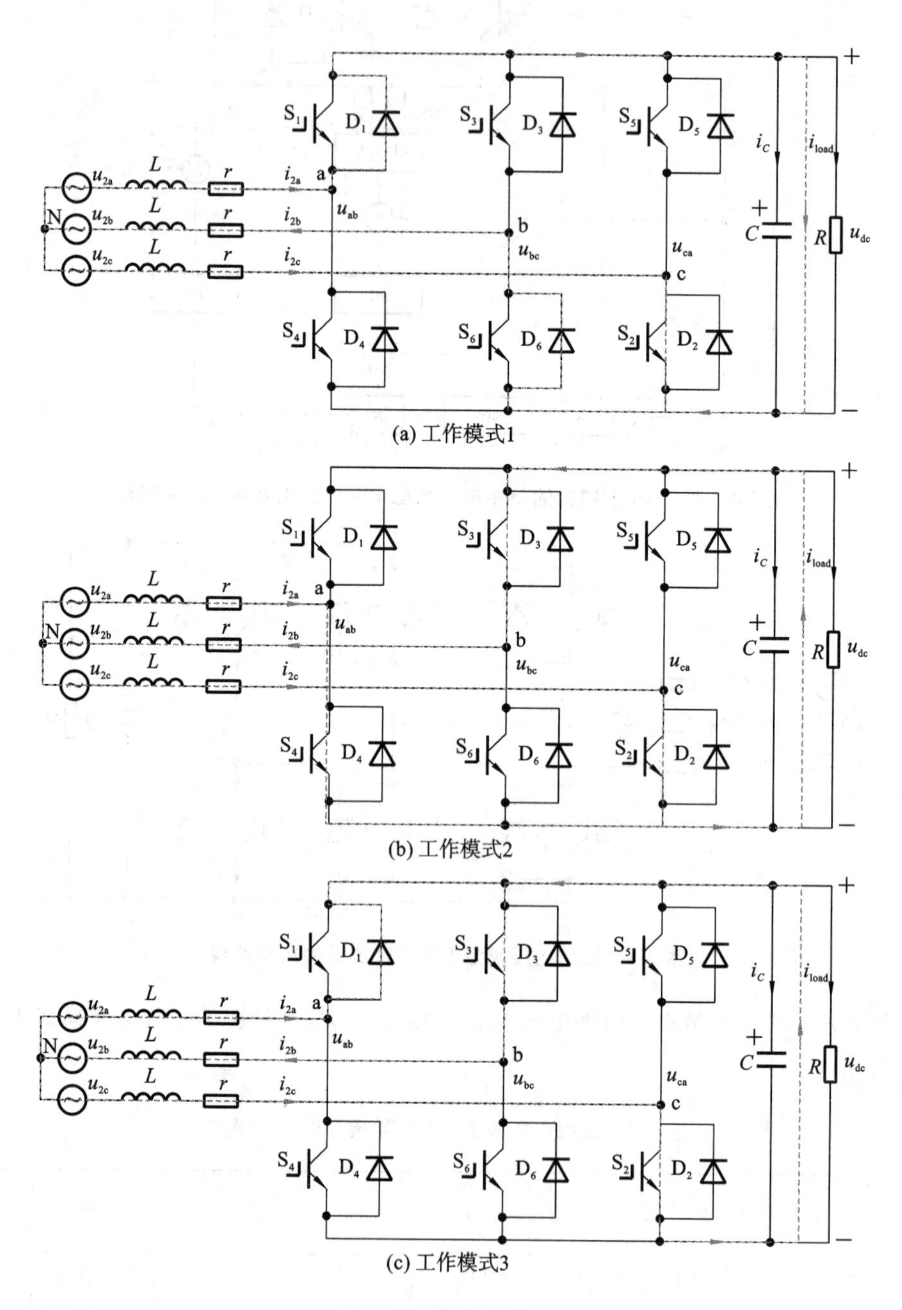

(a) 工作模式1

(b) 工作模式2

(c) 工作模式3

图 7-6 三相电压源型 PWM 整流器在 8 种工作模式情况下的电流回路($i_{2a}>0, i_{2b}<0, i_{2c}>0$)

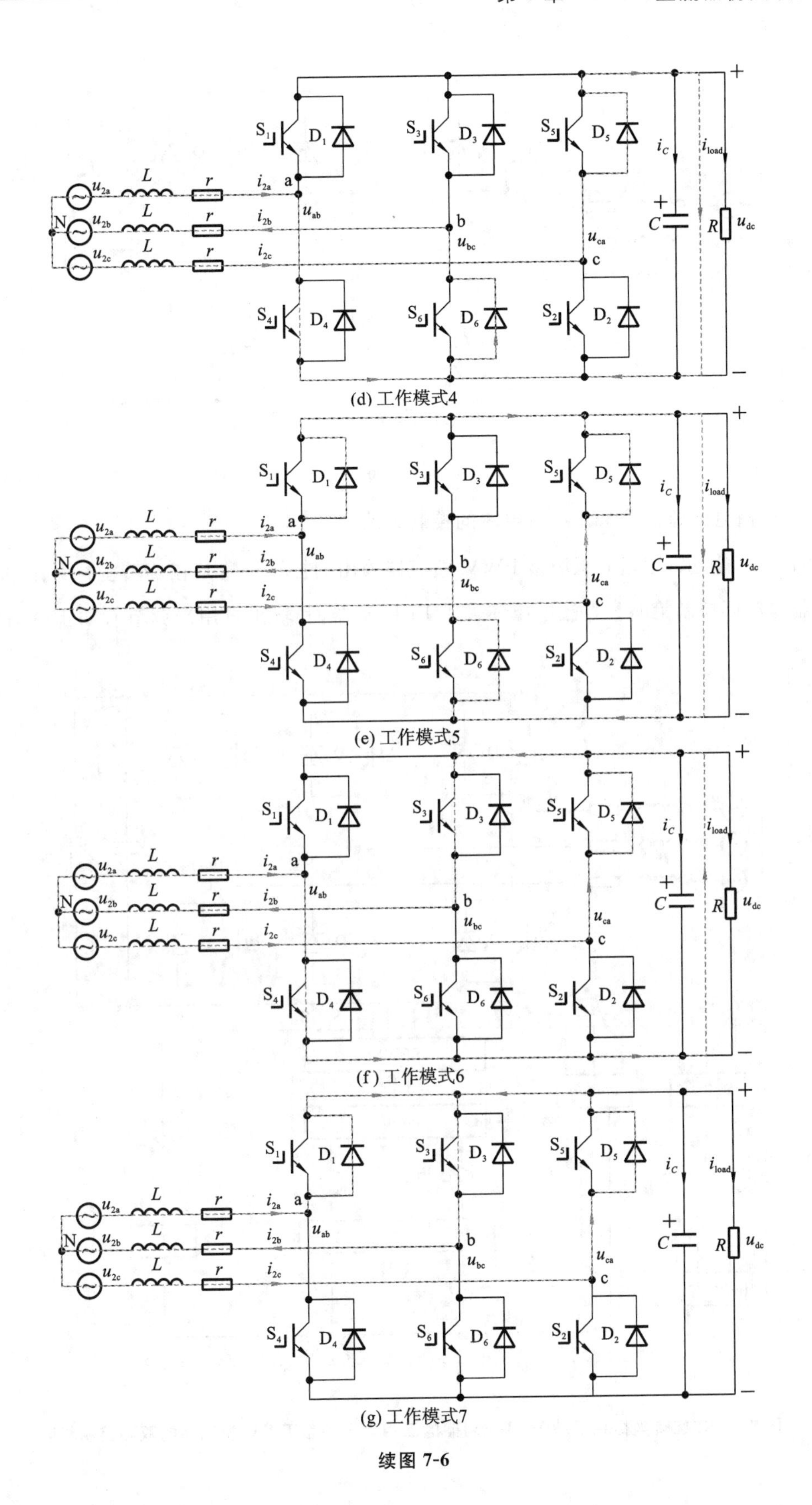

(d) 工作模式4

(e) 工作模式5

(f) 工作模式6

(g) 工作模式7

续图 7-6

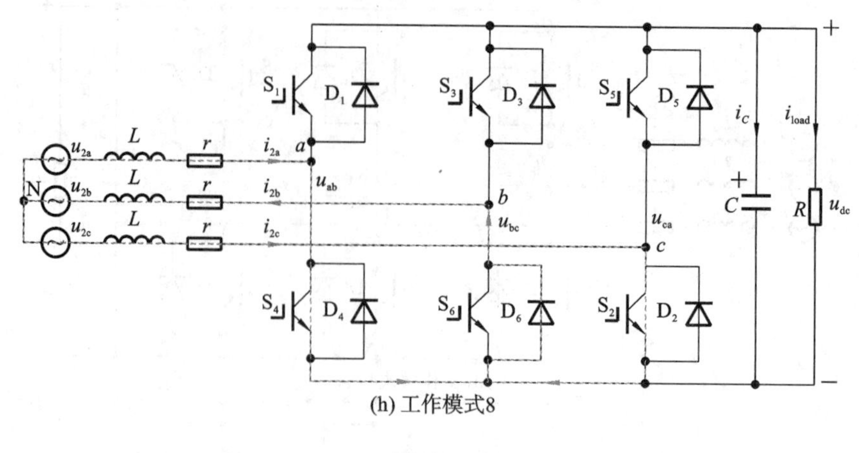

(h) 工作模式8

续图 7-6

2. 三相电压源型 PWM 整流电路的控制策略

如图 7-7 所示，三相电压源型 PWM 整流器采用的控制策略是在旋转坐标系下基于 PI 控制器的双环控制策略。直流电压环采用 PI 控制器，其输出量用来调节有功指令值 i_{2dref}。

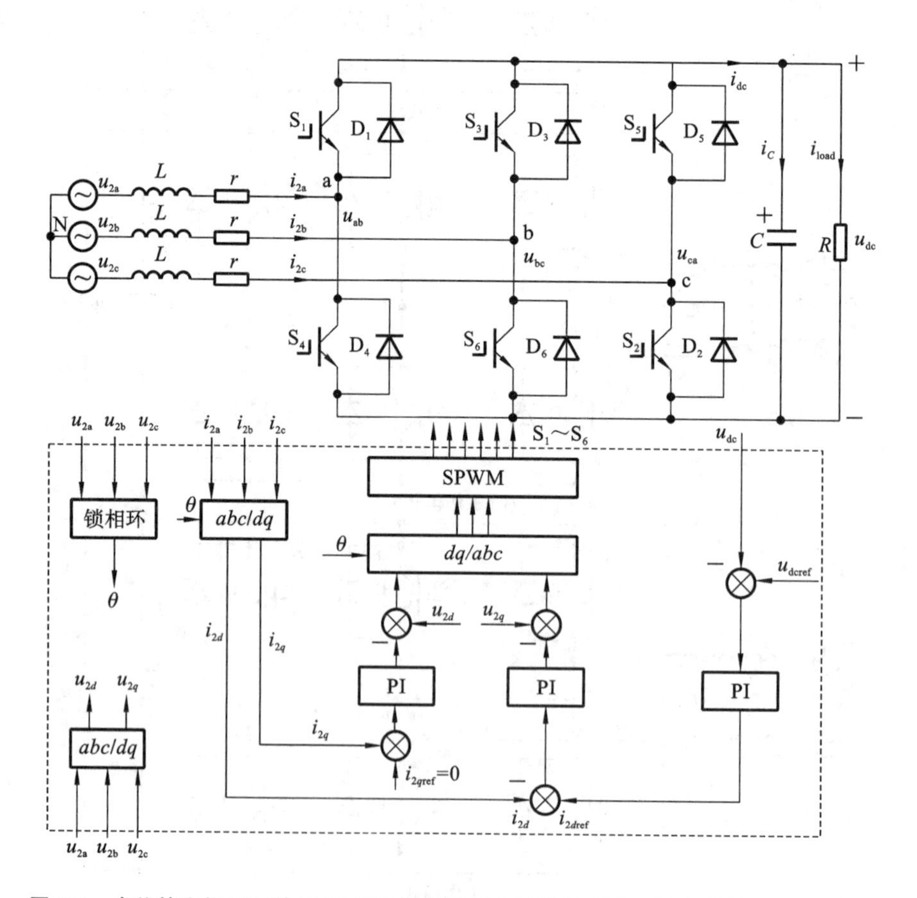

图 7-7　在旋转坐标系下基于 PI 控制器的三相电压源型 PWM 整流器的双环控制策略

在不考虑 PWM 整流器损耗的情况下，输入瞬时有功功率与直流侧有功功率相等，即 $P=1.5(u_{2d}i_{2d}+u_{2q}i_{2q})=u_{dc}i_{dc}$，当以电网电压定向时，电网电压 q 轴分量为 0，因此 $P=1.5u_{2d}i_{2d}$。另外，在电网电压不变的情况下，可以看到直流侧电压与电网电流 d 轴分量成正比，也与瞬时有功功率成正比，这也说明直流侧电压的控制可以通过控制电网电流 d 轴分量来实现。另外，电流环的 d 轴和 q 轴均采用了 PI 控制器，其中 q 轴无功指令值 i_{2qref} 设置为 0，以实现单位功率因数运行。同时，为了抑制电网电压扰动的影响，采用了电网电压前馈控制，将电流环的 d 轴和 q 轴 PI 控制器输出量分别与电网电压的前馈信号 dq 轴分量 u_{2d} 和 u_{2q} 叠加，再经过坐标变换得到三相调制信号，最后经过 SPWM 控制后给到 S_1 到 S_6，从而实现三相电压源型 PWM 整流器的并网控制。

7.3　PWM 整流器的仿真及其结果分析

7.3.1　单相电压源型 PWM 整流器的仿真及其结果分析

1. 仿真模型的建立

单相电压源型 PWM 整流器仿真模型如图 7-8 所示。仿真模型中各模块的提取路径如表 7-2 所示。主电路模块参数设置说明如下：单相电压源型 PWM 整流器功率等级为 2 kV・A，电网电压 u_2 峰值为 311 V(有效值为 220 V)，滤波电感 L 为 3 mH，综合等效电阻 r 为 0.1 Ω，直流侧滤波电容选择为 470 μF，负载 R 为 80 Ω。电网电压 u_2、电网电流 i_2 以及直流侧输出电压 u_{dc} 均通过示波器输出，以方便观察波形情况。

表 7-2　单相电压源型 PWM 整流器仿真模型中模块的提取路径

模块名	提取路径
交流电压源模块	Simscape→Electrical→Specialized Power Systems→Fundamental Blocks →Electrical Sources→AC Voltage Source
Goto 和 From 模块	Simulink→Signal Routing→Goto/From
电流测量模块	Simscape→Electrical→Specialized Power Systems→Fundamental Blocks →Measurements→Current Measurement
电压测量模块	Simscape→Electrical→Specialized Power Systems→Fundamental Blocks →Measurements→Voltage Measurement

续表

模块名	提取路径
单相锁相环模块	Simscape→Electrical→Specialized Power Systems→Fundamental Blocks →Measurements→Control & Measurements→PLL
绝缘栅双极型晶体管模块	Simscape→Electrical→Specialized Power Systems→Fundamental Blocks →Power Electronics→IGBT
RLC 串联支路模块	Simscape→Electrical→Specialized Power Systems→Fundamental Blocks →Elements→Series RLC Branch
示波器模块	Simulink→Sinks→Scope
三角波发生器模块	Simscape→Electrical→Specialized Power Systems→Fundamental Blocks →Power Electronics→Pulse & Signal Generators→Triangle Generator
大于等于模块	Simulink→Logic and Bit Operations→Relational Operator
PI 控制器模块	Simulink→Discrete→Discrete PID Controller
正弦函数模块	Simulink→Math Operations→Trigonometric Function
非模块	Simulink→Commonly Used Blocks→Logical Operator
增益模块	Simulink→Commonly Used Blocks→Gain
常量模块	Simulink→Commonly Used Blocks→Constant

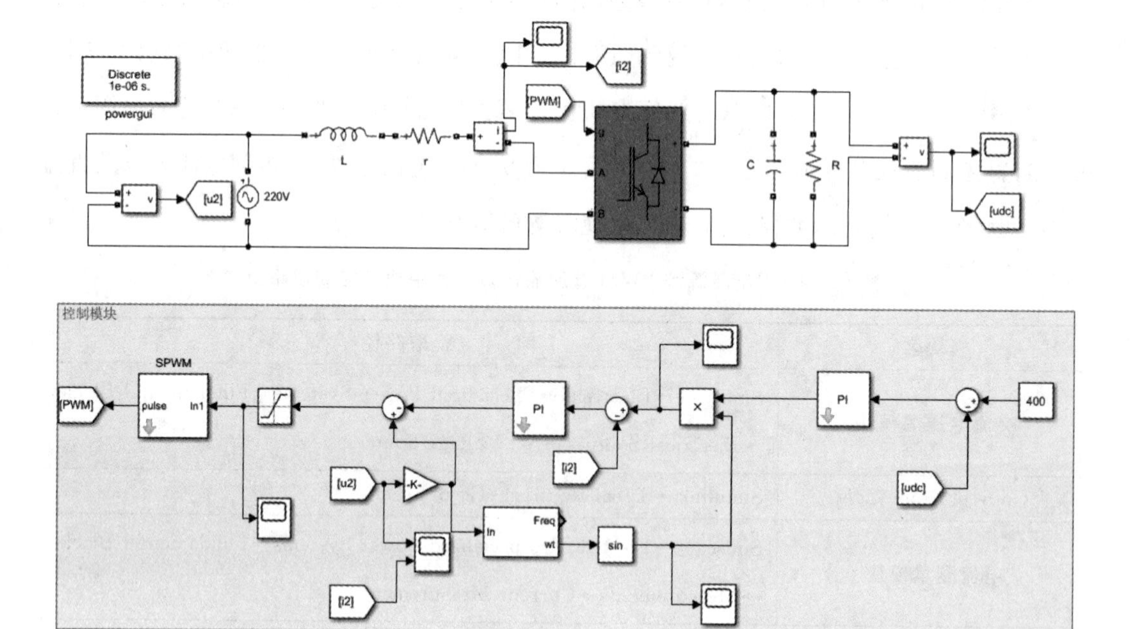

图 7-8　单相电压源型 PWM 整流器仿真模型

PI 控制器模块中直流侧电压指令值为 400 V。如图 7-9 所示，直流侧电压环的 PI 控制器比例和积分参数分别设为“0.2”和“10”，控制器输出的上下限分别设为“20”“－20”；电流环的 PI 控制器比例和积分参数分别设为“5”和“15”，控制器输出的上下限分别设为“1”“－1”。值得注意的是，直流侧电压环和电流环的控制器参数还可以进一步优化，这里给出的参数值是一组参考值。SPWM 模块采用的是双极性调制方法，如图 7-10 所示，其中开关频率为 10 kHz。单相锁相环模块的参数如图 7-11 所示，它的作用是获得电网电压的相位信号。

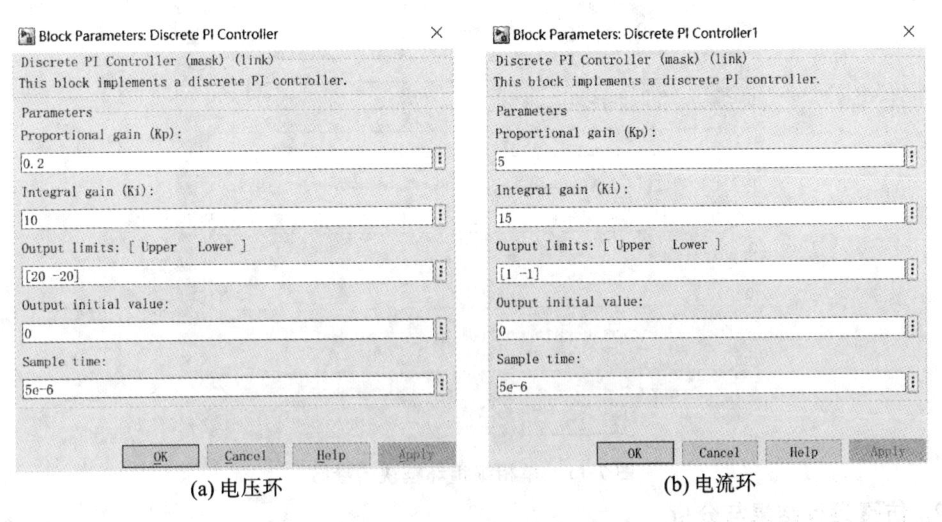

(a) 电压环　　(b) 电流环

图 7-9　PI 控制器模块参数

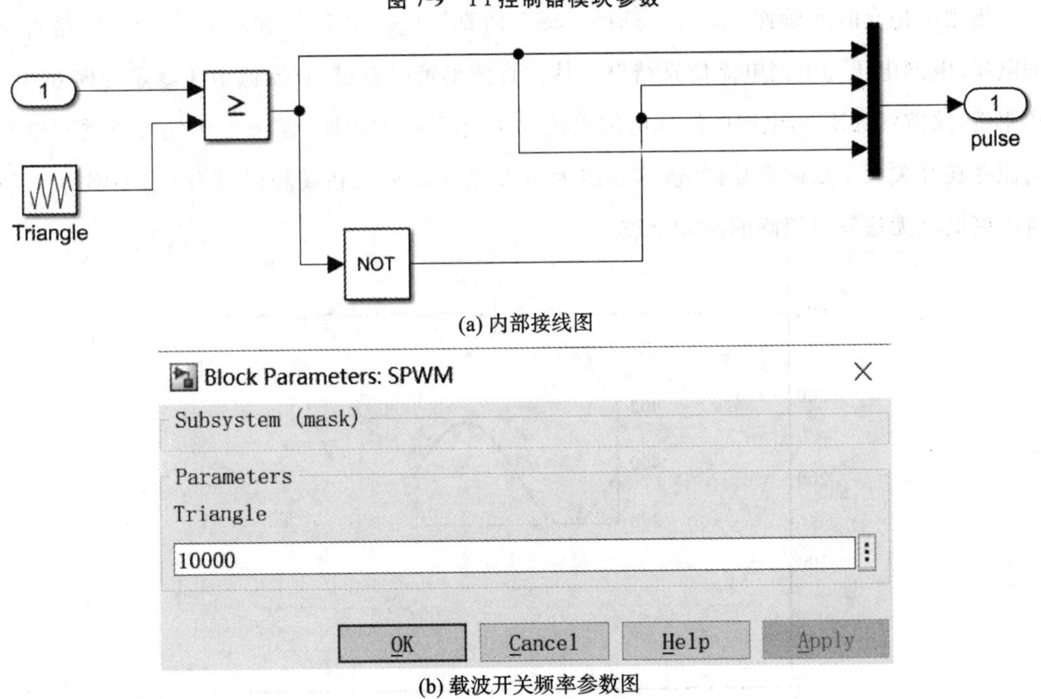

(a) 内部接线图

(b) 载波开关频率参数图

图 7-10　SPWM 模块内部接线图及载波开关频率参数图

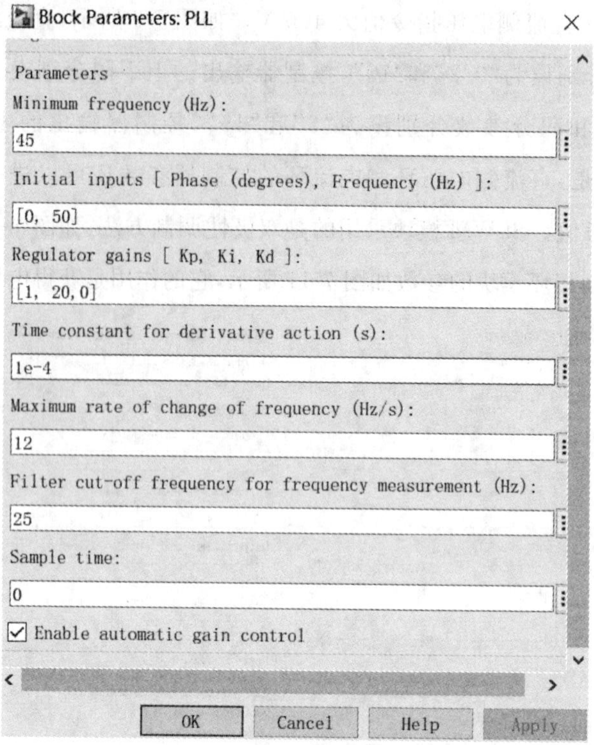

Block Parameters: PLL

Parameters

Minimum frequency (Hz):

45

Initial inputs [Phase (degrees), Frequency (Hz)]:

[0, 50]

Regulator gains [Kp, Ki, Kd]:

[1, 20,0]

Time constant for derivative action (s):

1e-4

Maximum rate of change of frequency (Hz/s):

12

Filter cut-off frequency for frequency measurement (Hz):

25

Sample time:

0

☑ Enable automatic gain control

OK Cancel Help Apply

图 7-11 单相锁相环模块的参数

2. 仿真运行结果与分析

模型中仿真时间设置为 0.5 s，选择 ode45 仿真算法。图 7-12 和图 7-13 给出的是直流侧电压、电网电压和电网电流仿真结果。从仿真波形可以看出，直流侧电压稳定控制在 400 V 附近，纹波约为 1%，电网电压和电网电流也实现了完全同步。从波形中还可以看到电网电流存在开关频率处的高频谐波，这是因为单 L 型滤波电感在高频段只有 −20 dB/dec，使得电网电流无法完全消除的高频谐波。

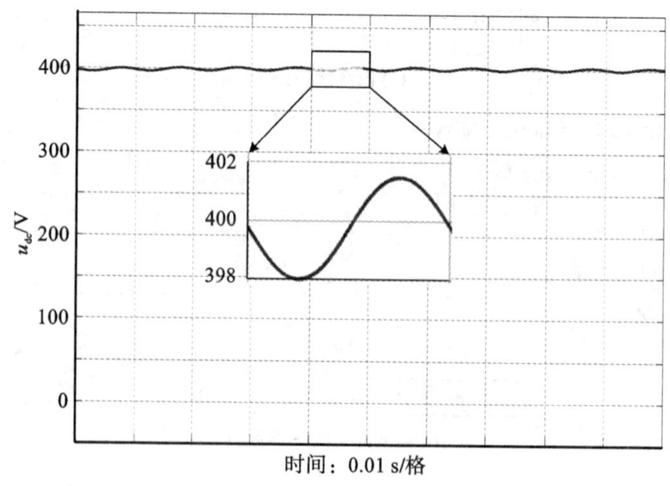

图 7-12 单相电压源型 PWM 整流器直流侧电压仿真波形图

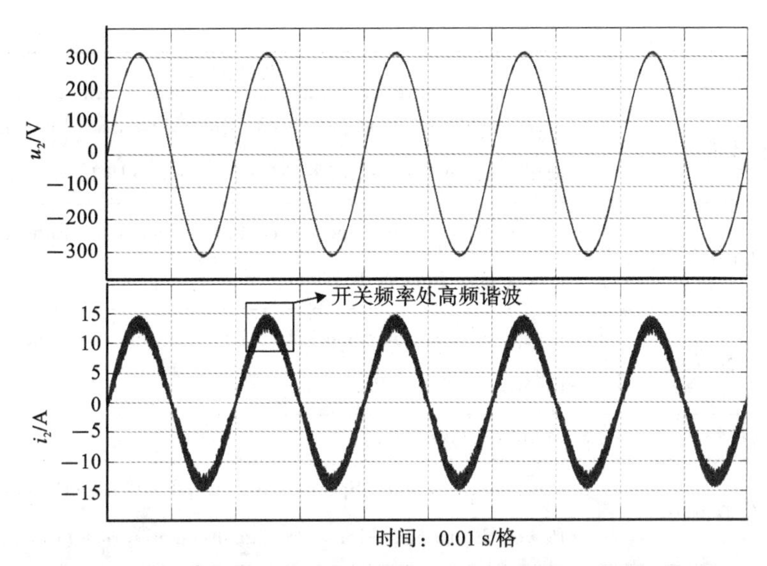

图 7-13　单相电压源型 PWM 整流器电网电压和电网电流仿真波形图

7.3.2　三相电压源型 PWM 整流器的仿真及其结果分析

1. 仿真模型的建立

三相电压源型 PWM 整流电路仿真模型如图 7-14 所示，仿真模型中各模块的提取路径如表 7-3 所示。主电路模块参数设置说明如下：三相电压源型 PWM 整流器功率容量为 6 kV・A，三相电网相电压峰值为 311 V（有效值为 220 V），滤波电感 L 为 3 mH，综合等效电阻 r 为 0.1 Ω，直流侧电容选择为 4.7 mF，负载 R 为 60 Ω。三相电网电压、三相电网电流以及直流侧电压均通过示波器输出，以方便观察波形情况。

表 7-3　三相电压源型 PWM 整流器仿真模型中模块的提取路径

模块名	提取路径
交流电压源模块	Simscape→Electrical→Specialized Power Systems→Fundamental Blocks →Electrical Sources→AC Voltage Source
Goto 和 From 模块	Simulink→Signal Routing→Goto/From
三相电压电流测量模块	Simscape→Electrical→Specialized Power Systems→Fundamental Blocks →Measurements→Three-Phase V-I Measurement
从 abc 到 dq 变换模块	Simscape→Electrical→Specialized Power Systems→Fundamental Blocks →Control & Measurements→Transformations→abc to dq0
电压测量模块	Simscape→Electrical→Specialized Power Systems→Fundamental Blocks →Measurements→Voltage Measurement

续表

模块名	提取路径
三相锁相环模块	Simscape→Electrical→Specialized Power Systems→Fundamental Blocks→Measurements→Control & Measurements→PLL(3ph)
绝缘栅双极型晶体管模块	Simscape→Electrical→Specialized Power Systems→Fundamental Blocks→Power Electronics→IGBT
RLC 串联支路模块	Simscape→Electrical→Specialized Power Systems→Fundamental Blocks→Elements→Series RLC Branch
示波器模块	Simulink→Sinks→Scope
三角波发生器模块	Simscape→Electrical→Specialized Power Systems→Fundamental Blocks→Power Electronics→Pulse & Signal Generators→Triangle Generator
大于等于模块	Simulink→Logic and Bit Operations→Relational Operator
PI 控制器模块	Simulink→Discrete→Discrete PID Controller
非模块	Simulink→Commonly Used Blocks→Logical Operator
增益模块	Simulink→Commonly Used Blocks→Gain
常量模块	Simulink→Commonly Used Blocks→Constant

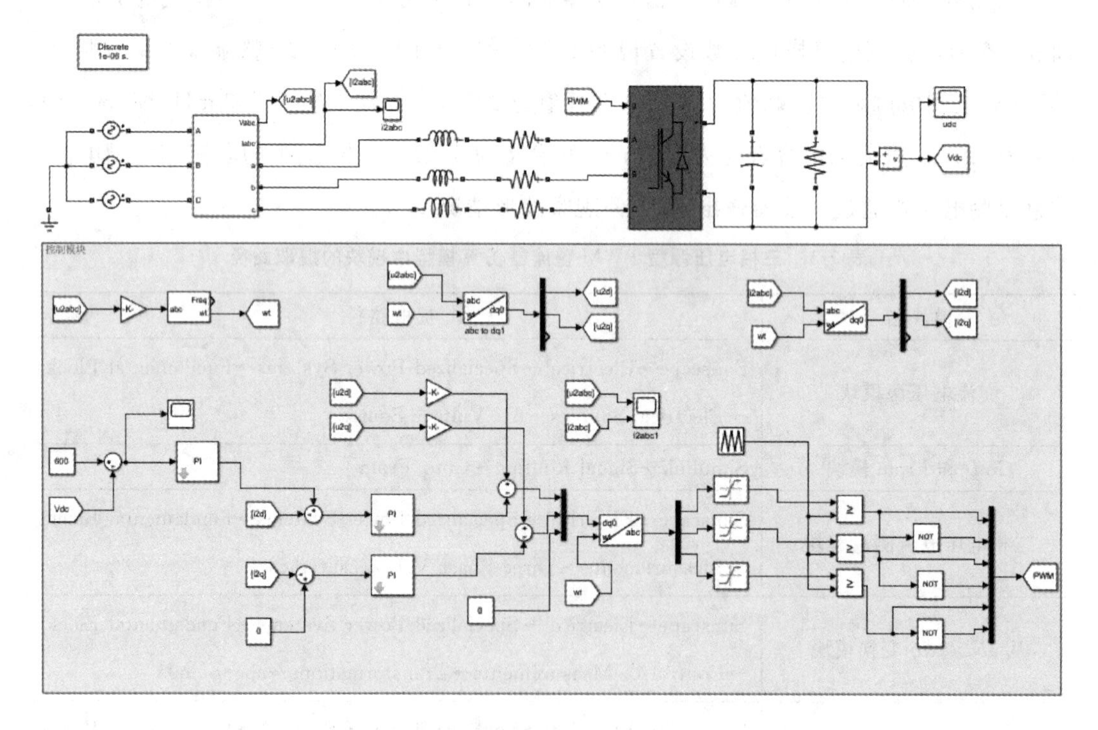

图 7-14　三相电压源型 PWM 整流器仿真模型

PI 控制器模块中直流侧电压指令值为 600 V。如图 7-15 所示，直流侧电压环的 PI 控制器中比例和积分参数分别设为“8”和“100”，控制器输出的上下限分别设为“20”“－20”；电流环的 d 轴和 q 轴 PI 控制器中比例和积分参数分别设为“1”和“50”，控制器输出的上下限分别设为“1”“－1”。值得说明的是，直流侧电压环和电流环的控制器参数值只是一组参考值，也可选取其他值。调制方法采用的是正弦脉宽调制技术，其中开关频率为 10 kHz。图 7-16 给出的是三相锁相环模块的控制参数，它的作用是获取三相电网的相位信息。

Block Parameters: Discrete PI Controller4
Discrete PI Controller (mask) (link)
This block implements a discrete PI controller.
Parameters
Proportional gain (Kp):
8
Integral gain (Ki):
100
Output limits: [Upper Lower]
[20 -20]
Output initial value:
0
Sample time:
5e-6
OK Cancel Help Apply

(a) 电压环

Block Parameters: Discrete PI Controller5
Discrete PI Controller (mask) (link)
This block implements a discrete PI controller.
Parameters
Proportional gain (Kp):
1
Integral gain (Ki):
50
Output limits: [Upper Lower]
[1 -1]
Output initial value:
0
Sample time:
5e-6
OK Cancel Help Apply

(b) 电流环

图 7-15　PI 控制器模块参数

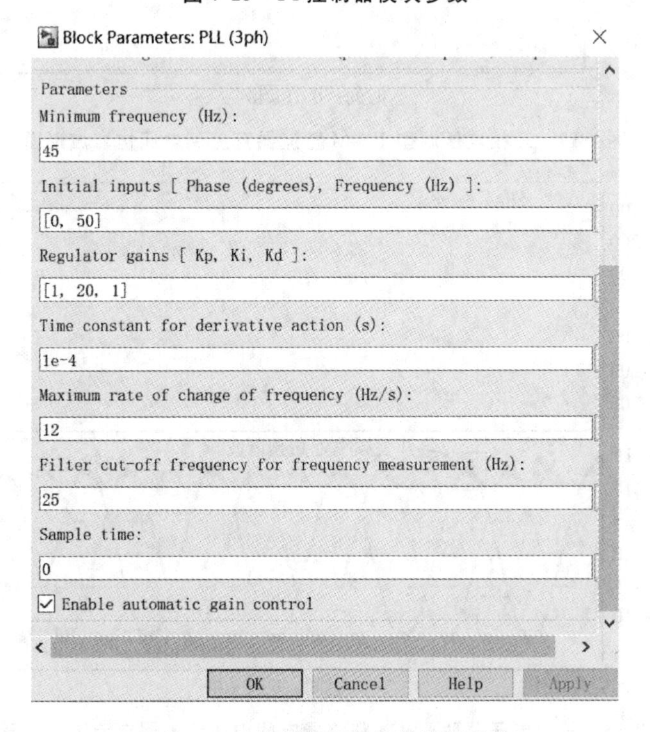

图 7-16　三相锁相环模块的控制参数

2. 仿真运行结果与分析

模型中仿真时间设置为 0.5 s，仿真算法选择 ode45。图 7-17 和图 7-18 给出的是直流侧电压、电网电压和电网电流仿真结果，波形显示时间为 0.1 s。从图 7-17 可以看出，直流侧电压稳定控制在 600 V 附近，纹波接近 0，电网电压和电网电流也实现了完全同步。从图 7-18波形中可以看到，电网电流存在开关频率处的高频谐波，和单相电压源型 PWM 整流器有类似现象，这是因为 L 型滤波器在高频段衰减率有限。解决方案有 2 种：第一种是提高开关频率，在 L 相同的情况下，开关频率越高，衰减率越大；第二种是增大滤波电感或者其他滤波拓扑结构，通常，在开关频率不变的情况下，更大的电感对高频谐波的衰减效果更好。有兴趣的读者可以搭建仿真模型进行验证。

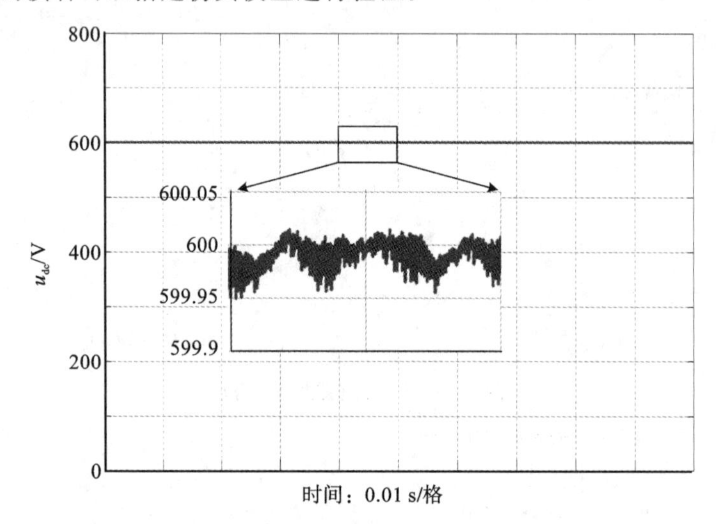

图 7-17　三相电压源型 PWM 整流器直流侧电压仿真波形图

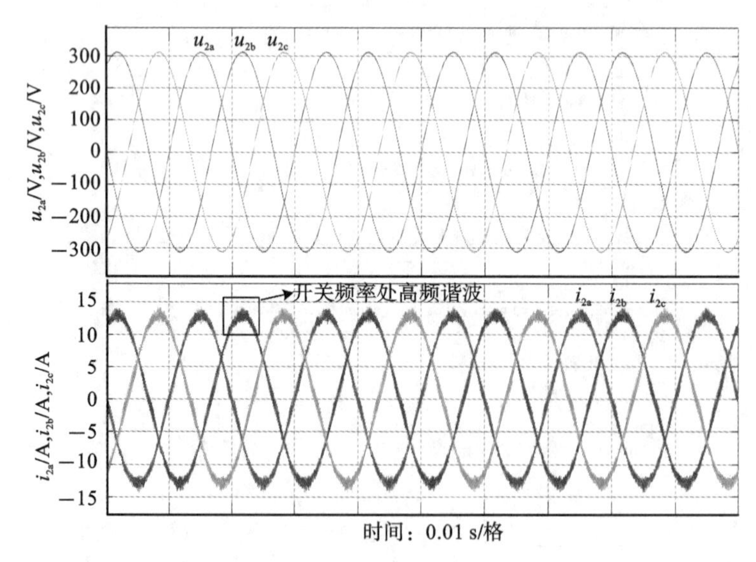

图 7-18　三相电压源型 PWM 整流器电网电压和电网电流仿真波形图

参考文献

[1] 张国琴,马双宝. 电力电子技术[M]. 武汉:华中科技大学出版社,2022.

[2] 阮新波. 电力电子技术[M]. 北京:机械工业出版社,2021.

[3] 王兆安,刘进军. 电力电子技术[M]. 5 版. 北京:机械工业出版社,2009.

[4] 洪乃刚. 电力电子电机控制系统仿真技术[M]. 北京:机械工业出版社,2013.

[5] 汤蕴璆. 电机学[M]. 5 版. 北京:机械工业出版社,2014.

[6] 许晓峰. 电机及拖动[M]. 5 版. 北京:高等教育出版社,2019.

[7] 阮毅,杨影,陈伯时. 电力拖动自动控制系统——运动控制系统[M]. 5 版. 北京:机械工业出版社,2016.

[8] 阮毅,陈维钧. 运动控制系统 [M]. 北京:清华大学出版社 ,2006.

[9] 夏德钤,翁贻方. 自动控制理论[M]. 4 版. 北京:机械工业出版社,2012.

[10] 王划一,杨西侠. 自动控制原理[M]. 2 版. 北京:国防工业出版社,2012.

[11] 周渊深. 交直流调速系统与 MATLAB 仿真[M]. 2 版. 北京:中国电力出版社,2015.

[12] 李华德,李擎,白晶. 电力拖动自动控制系统[M]. 北京:机械工业出版社,2008.